新創
社群之道

THE STARTUP
COMMUNITY WAY

EVOLVING AN ENTREPRENEURIAL
ECOSYSTEM

布萊德·費爾德
伊恩·海瑟威
————————著

洪慧芳
————————譯

BRAD FELD

IAN HATHAWAY

CONTENTS

PART3　從博德論點到新創社群之道

PART4　幫助創業者成功

謹獻給不辭辛勞支持我一切努力的艾米
謹獻給跟我一起共創我最心愛的新創企業的蘇西

為求我們渴望的未來

艾瑞克・萊斯（Eric Ries）

《精實創業》作者

　　新創社群曾像許多稀有動物那樣，在商業界及地表上相當罕見，但是到了現今，這種社群早已不再稀有。你在本書中將會看到許多充滿說服力的進步案例，他們如今在各地成形，不僅遍及美國，也遍及世界各地。他們充滿活力與潛力，也渴望邁向眾所期待的未來。這是非常重要的發展，簡言之，我們需要創業者和他們的理念來維持社會的進步，不僅是經濟上的進步，而且是公平的進步。培養新創企業是確保我們實現這個目標的最佳途徑，因為新創企業在組織與個人組成的社群中共享資源時，新創企業圈的規模會加倍放大。

　　如今新創社群之所以那麼多，大多要歸功於費爾德。每家新

創企業都是獨特、不可預測、不穩定的，但只要管理得當，他們都可以透過管理邁向成功。每個新創社群也是如此，那正是費爾德先前在二〇一二年的著作《新創社群》（*Startup Communities*）的主題。那本書為管理新創社群由下而上的架構，提出明確的實務與原則，因為新創社群是以信任網絡為基礎，而不是建立在層層堆疊的控制層上，不能像公共財和經濟發展那樣維持下去。他們沒有拘泥一套嚴格、分層的規則與流程，而是採用一套靈活應變的運作方式，透過有效的學習來做決策，盡量減少犯錯。新創社群的打造者就像創業者一樣，不能依賴直覺或假設。他們需要走出去，收集資料，親眼看看發生了什麼。唯有如此，才能把多元的組織匯集起來，讓他們互相汲取經驗，交流打氣，同時獲得眼光長遠、積極投入的創業前輩的指引。費爾德詳細說明了一套系統，這套系統就像創業家使用的許多方法一樣，明明擺在我們的眼前，大家卻視而不見。費爾德藉由說明這套系統，讓全世界任何想為自己的城市帶來創新與成長的人都能達成目標。

也因此，既然我們已經進入新創社群發展的下一階段，沒有人比費爾德更適合解決這個階段的核心問題：當新創社群與其他比較傳統的階層機構共存時，會發生什麼（或不會發生什麼）？那些比較傳統的階層機構雖然很想與創新的鄰居合作，但無法擺

脫舊有的規則與管理風格。我們如何確保所有的參與者在尊重彼此優點的同時，也通力合作，盡量發揮最大的影響力？費爾德的回答再次清楚地列出可影響這個改變的方法與工具。他與本書的另一位作者海瑟威結合了豐富的經驗與嚴謹深入的研究和分析，為這條必要的前進之道開創了一個架構。

每個創業者都會不斷地改造自己的原創產品，費爾德也不例外。這本書不單只是前作的續集而已，而是精進那些初始想法並加以擴充。它涵蓋了新創社群與傳統體制（包括大學、政府、企業、文化、媒體、地方與金融）之間日益常見又複雜的關係及相互依存。把新創社群放在這個更大的網絡系統中，費爾德與海瑟威不僅揭露他們之間的相互關連，也揭開他們與更大的社群及整體社會的關連。《新創社群之道》不僅深入細探組成蓬勃創業生態系統的每個參與者、因素與條件，也把鏡頭拉遠，綜覽全局。它檢視一些大家常犯的錯誤，例如把線性思維套用在新創社群那些明顯動態互連的關係上，而且試圖掌控它們，而不是讓它們在經過深思熟慮的參數中自由地運作。這本書的唯一目標，是協助那些各自運作的個體培養更深厚的關係，以便朝著共同的目標通力合作。

我與費爾德有強烈的共鳴，他的著作在多方面呼應了我對創

業這個主題及其用途的思維發展。我在拙作《精實創業》（*The Lean Startup*）一書中，介紹成功創業的方法，接著在《精實新創之道》（*The Startup Way*）一書中，把那些創業管理經驗大規模地應用在大型組織、公司、政府、非營利組織上。費爾德認為，創業心態不僅會改善我們的日常生活，當我們把創業心態應用到各種組織、系統、目標上時（包括那些涉及政策的東西），那也會引領我們邁向未來。我很認同費爾德的這番理念。

費爾德為自己的想法做了一個修改，我特別有共鳴：他以前呼籲新創社群以簡單的「二十年時間線」為運作基礎，他把那句話修改成「從今天起算二十年」的時間線。創新是持續的任務，為了獲得真正的利益，需要真正長遠的思考。我所謂的長遠思考，是持續、誠實、全面地思考，我們希望企業、國家、世界在未來世代的眼中是什麼樣子。為了擁有我們渴望的未來，一個機會與資產公平分配、環境與人民獲得妥善打理的未來，我們需要把眼界放到現狀之外，致力實現各種努力所承諾的成果。這本書正是完美的切入點。

謝謝你改變我的人生！

二〇一四年，我來到拉斯維加斯的市中心[†]。多數人來拉斯維加斯度假時，都會造訪日落大道。但我不是在日落大道，而是在歷史悠久的商業區。在捷步（Zappos）創辦人謝家華（Tony Hsieh）的領導下，這裡正經歷大規模的翻修。死寂的建築恢復了生氣，拉斯維加斯的蓬勃發展不再止於弗里蒙特街（Fremont Street）。

Up Global 是一個致力打造新創社群的非營利組織，如今屬於美國創業加速器 Techstars 的一部分。Up Global 來這裡舉行年度

[†] 由於這是兩人合寫的書，當我們提到其中一人的故事時，究竟要使用第一人稱、還是第三人稱，突然變得很麻煩。由於書中提到費爾德的情況很多，我們決定以第一人稱來代表費爾德，以第三人稱來代表海瑟威。

高峰會，當時我是 UP Global 的董事，現場有來自七十個國家的五百多位創業者共襄盛舉。三個「UP 全球專案」（分別是 Startup Weekend、Startup Week、Startup Digest）的負責人遠從世界各地前來，參與許多研討會，以討論如何經營他們的專案、打造新創社群，以及傳播創業與創新精神。

　　整個活動如火如荼地展開，現場瀰漫著新創企業的活力與熱情。雖然英語是主要的溝通語言，但與會者的肢體語言、討論、個人風格都為這場高峰會帶來明顯的國際感。這場聚會匯集了來自世界各地的不同年齡層。

　　我參加了一些討論新創社群的研討會，為幾本拙著簽了名，也與來自世界各地的無數社群負責人一起微笑自拍。當天天氣很熱，但現場氣氛很溫馨。

　　在閉幕晚會上，熱鬧的氣氛把整場活動帶到了高潮。前兩天的勞累使我疲憊不堪，在偌大的宴會廳裡，我獨自站在遠端的一角，靜靜地看著晚會進行。突然間，一個陌生人朝我走來，在一片嘈雜聲中喊道：「謝謝你改變了我的人生！」同時把一頂棒球帽戴在我頭上。

　　我回應：「我做了什麼？」

　　那個年輕人說：「你看那頂帽子！」

我把帽子摘下來，發現那是來自中東的一個「創業週末」（Startup Weekend）組織。我看到現在站在我前方幾吋遠的那個年輕人眼裡噙著淚水。我張開雙臂，緊接著是一個大大的擁抱。

一個來自中東的二十幾歲小伙子和一個四十幾歲的美國猶太人，在拉斯維加斯的市中心，因為創業與新創社群而相連，進而擁抱。有一個人的人生改變了，不，是兩個人的人生都改變了。

二〇〇八年的秋天，老友班・卡斯諾查（Ben Casnocha）為《美國人》（The American）寫了一篇文章，標題是〈創業城〉（Start-up Town），該文一開始就寫道[1]：

過去十五年間，博德市（Boulder）從一個小小的嬉皮大學城，變成不只是嬉皮大學城，也是網路創業者、早期創投業者、部落客齊聚的地方，而且持續蓬勃成長。博德市是怎麼做到的？想為自己的家鄉提高創業風氣及整體競爭力的其他城市、政策制定者或創業者，可以從博德市的成功中學到什麼？

我看到那篇文章時，再次證實了我對博德市的新創企業與創業活動的預感。大家開始談到，創業是擺脫二〇〇七至二〇〇八年的金融危機及隨之而來的經濟大衰退的一種方式，也開始把矽谷、紐約、波士頓等地描述為「創業生態系統」。卡斯諾查在文

中提到，「矽谷、紐約、波士頓、博德市」，沒錯，博德市也入列了。

博德市與矽谷、紐約、波士頓截然不同。它是一個小城，人口約十萬七千人。即使是博德縣的大都會區，也只有約三十一萬五千人。儘管它距離人口七十萬的丹佛市（大都會區的總人口約兩百九十萬人）僅三十分鐘的車程，但在二〇〇八年，這兩個城市在身分認同方面可說是天壤之別。一九九五年我搬到博德市以來，就常聽到兩個笑話：「博德市占地二十五平方英里，現實世界包圍其外」、「走三十六號美國國道從博德市到丹佛，你必須先通過一個安全門和一個氣閥」。在我看來，如果把辦公大樓改建成公寓，博德市的所有人口也許可以全住在曼哈頓中城的一個街區裡。

接下來那幾年，我花了很多時間了解創業生態系統，閱讀一切有關創新群組、國家創新系統、創新網絡、創業孵化器（或稱育成中心）的資料。二〇〇六年，我與人合創了 Techstars，隨著 Techstars 的擴張（先是波士頓，接著是西雅圖，最後到紐約），我開始看到創業文化的發展出現一些類似的型態——有正面的，也有負面的。二〇一一年，我提出一個新構想，開始稱之為「新創社群」。二〇一二年，我撰寫並出版了《新創社群》一書。

那本書的書寫是以「博德論點」（Boulder Thesis）這個概念為基礎。所謂的博德論點，是由四項原則組成，它們界定了如何打造一個持久穩固的新創社群。《新創社群》出版不久，考夫曼基金會（Kauffman Foundation）拍了一支短片，名叫〈創業村〉（StartupVille），充分地闡述了「博德論點」[2]。我即興講了四分鐘，考夫曼基金會以那四分鐘的訪談為基礎，拍了一支影片。後來〈創業村〉以及那段我即興闡述的「博德論點」在後續那幾年，為許多新創社群所舉辦的演講揭開序幕。不到一年，「新創社群」這個詞已變成創業界琅琅上口的術語，而「人口十萬以上的城市就能打造新創社群」這個概念，也變成全球創業者的口頭禪。

卡斯諾查寫那篇文章不過是十二年前的事，十二年在創業圈並不算長。如果你讀過《新創社群》，你知道「博德論點」的第二原則是「你必須眼光長遠——至少二十年」。這些年來，我把那個原則調整成「你必須眼光長遠——至少從今天起算二十年」，以同時強調新創社群對一個城市的重要性，以及眼光長遠對新創社群的任何參與者都很重要。

幾年前，我結識海瑟威。二〇一四年，我們的朋友理查‧弗羅里達（Richard Florida）介紹我們認識。多年來，我們經常交流，分享想法，討論各自的工作與寫作。例如，他在紐約大學開

了〈創業城市〉這門課，我幫他規劃了一些課程內容，並分享我對創業加速器的經營理念[3]。

二〇一六年，海瑟威已經準備好迎接新的挑戰。當時，他白天為大型科技與媒體公司提供諮詢服務，晚上與週末則是思考、寫作，想辦法與新創企業及創業者合作。他向我請教，如何安排工作以協助創業者比較好。我們開始探索直接合作的方法，經過幾次嘗試後，我們最後決定一起撰寫你手上這本書。

二〇一六年，創業已是一種全球現象。「獨角獸」不再只是神話中的神獸，「新創社群」一詞也很常見。二〇一七年的春天，海瑟威來博德市啟動我們的合作案，我們開始為這本書交流及切磋靈感。

在美國，川普剛當選總統，英國已正式啟動脫歐程序。雖然這些事情不該使我們放慢步調，我們卻因此退後一步，反思西方社會的動態。最近海瑟威剛從倫敦來到博德市，他在英國以美國僑民的身分，目睹了英國脫歐的過程。他回美國後又看到截然不同的政治氛圍。有一些重要、令人不安、導致失和分裂的事情正在發生。在這種背景下，我們希望《新創社群》的續集能夠成為更廣泛解方的一部分，而不只是二〇一二年《新創社群》的增修版。

就像許多合作案一樣，我們也花了一些時間才看到明顯的進

展。海瑟威做了大量的研究，讀了大量的文獻，研究了過去五年出現的新創社群打造方式。他與世界各地許多新創社群的打造者交談，對他讀到、聽到的一切都保持開放的心態，包括那些批評我的作法（我主張以創業者為核心）的文章與概念[4]。

接著，二〇一七年的仲夏，海瑟威草擬了初稿。不過，就像所有的初稿一樣，我們後來淘汰了那份初稿，那寫得太傳統了，並未解決一個明顯的問題。後來海瑟威與更多人交流後，他注意到，創業者和其他積極打造新創社群的人所採取的方法，與那些愈來愈想參與其中的實體（例如大學、政府、公司、基金會）所採取的方法，有很大的差異。

雖然這種落差是眾所皆知的現象，但我們認為，直接把這種落差歸因於一群人懂得個中道理、另一群人搞不清狀況，這樣講太隨便了。這種說法只會製造對立，導致雙方合作破裂，問題依然無法解決。而且，那種隨便搪塞的說法，後來也證明是錯的。真正的問題在於結構性的限制，再加上人性先天渴望掌控感，想要避免不確定性。這種人性衝動已根深柢固，造成新創社群中可預見的錯誤及錯失的良機。

我們因此決定，我們的任務不單只是擴增及更新《新創社群》，而是解決新創社群中有關協作的更基本問題。除了鼓勵大

家突破工作場所的限制或劃地自限的想法以外，我們也想幫大家改變思維與行為。

我們需要一套架構來解釋這點。我們也知道，如果我們的主張缺乏有意義的證據來佐證，那很容易遭到忽略，新創社群與想要參與新創社群的實體之間依然會有落差。因此，二〇一七年的秋天，海瑟威開始尋找解決方案。這一切始於一次出乎意料的旅程，但他選對了方向 [5]。他在一個鮮為人知的環保永續網站上發現了一篇文章，並臨時決定驅車前往新墨西哥州的聖塔菲研究院（注：Santa Fe Institute，非盈利性的研究機構，主要研究方向是複雜系統科學），去找一群聰明絕頂的人交談。

二〇一八年一月，我們聚在一起，檢討目前為止收集及撰寫的一切，以及海瑟威草擬的新大綱。他建議以複雜適應系統（complex adaptive systems）作為解釋新創社群的核心概念。我很熟悉複雜理論及聖塔菲研究院，當下就很喜歡那個提議。於是，我們深入探索複雜理論的概念，並開始構思一本跟之前打算寫的內容截然不同的書。

在 Techstars，我的朋友兼同事克里斯・赫弗利（Chris Heivly）是創業者、投資者，也是社群打造者。他正忙著為創業生態系統的發展，開發一條新的事業線。他在北卡羅萊納州德拉謨市

（Durham）的新創社群當過領導者，在許多地方也很活躍。這時，海瑟威與赫弗利已經定期討論快一年了，我開始跟赫弗利及 Techstars 的其他同仁更常討論這個議題。赫弗利的經驗，再加上他在不同城市實地收集的見解，幫我們把理論與實務銜接起來。

二〇一八年與二〇一九年，我們寫書、討論，並與 Techstars 及其他地方的同仁共事時，覺得我們想出了令人振奮的概念，值得把它當成「新創社群」這個原始概念的下一個階段，並與大家分享。

第一章

起源故事

　　對全球的創業者來說，過去十年彷彿經歷了一場變革。高速上網的普及，還有平價又強大的遠端運算，大幅降低了創辦數位企業的成本，讓創業者可以在更多的地方開創新事業。

　　全球有些地方創業資金充足，但仍有很多地方缺乏資金。例如，麻州的波士頓 vs. 佛羅里達州的奧蘭多，或者倫敦 vs. 委內瑞拉的首都卡拉卡斯。人才與技術隨處可見，但具體的機會卻不是唾手可得。

　　創新帶動創業活動的成長與擴展。這種成長與擴展影響深遠，有實證可循，而且遍及全球[1]。如今我們知道，相互支持及分享知識的社群，與其他的投入和資源是相輔相成的。創業者及新創社群的打造者已普遍認同，通力合作與長遠眼光非常重要。

這些都是世界各地許多新創社群的領導者所奉守的主要原則。

二〇一二年出版的《新創社群》是促成這種思維轉變的一大原因。那本書以科羅拉多州的博德市為例，指引創業者及其他的利害關係人如何改善其城市的新創社群。那本書與多數的創業相關著作不同，它是強調行為、文化、實務因素。那些要素對在地創業的協作系統非常重要。

近年來我們確實看到了一些成果，但很多地方仍有待加強。大量的創業活動仍集中在大型、全球化的精英城市。政府和其他單位（例如大公司與大學）彼此之間的合作，或是他們與創業者的合作，仍未達到應有的水準。這些單位往往試圖掌控活動，或由上而下強行推動他們的觀點，而不是支持一個讓創業者從下而上引導的環境。我們持續看到許多個人和組織想要參與及支持在地的新創企業，但他們的想法卻與創業思維脫節。這是結構性因素造成的，但只要專注地投入持久的心力，這些都是可以克服的障礙。

我們寫這本書的目的，是為了協調所有的相關單位——從創辦人到政府、服務提供者、社群打造者、企業等等。希望這本書能把《新創社群》所奠定的基礎以及世界各地新創社群的成果，進一步發揚光大，並帶來變革。

下一代

這本書是以《新創社群》奠定的成果為基礎，更深入探索一些領域，同時修正我在其他領域犯下的一些根本錯誤。這本書不算是《新創社群》的更新版或第二版，而是續集，是從《新創社群》結束的地方開始延續。它參照既有的成果，開發新的探索領域，進行調整，把內容帶往新的方向。

在《新創社群》中，博德市是打造新創社群的架構基礎。在本書中，我們擴大了地域與舞台，把視野放眼全球，觀察現有的新創社群。我們試圖把概念變得更通泛，尤其是回答以下問題的時候：**我們已經有新創社群了，下一步該做什麼？**我們強調，任兩個新創社群都是不同的，他們有不同的需求，或是在無法相提並論的時間範圍內運作。在某個城市中可行的例子，至少可以在另一個城市中找到不可行的例子。這些系統的本質就是如此。

我撰寫《新創社群》時，關於「新創社群」這個主題，市面上幾乎看不到什麼實質的內容。當時那個用語還很新，後來才變成形容那個現象的通用說法。過去八年間，「新創社群」這個主題已經出現了大量的探索與進展。但我們也注意到，大家針對新創社群所提出的建議與計策，對只想要實務指引的許多人來說，

已變得過於複雜，難以理解。過去幾年我們與許多人交流時，常聽到類似下面的說法：「我們的新創社群是依循《新創社群》的博德論點，但我們不知道下一步該做什麼。」

在本書中，我們試圖解決這個問題，同時為新創社群打造一個新的概念架構，讓他們有別於創業生態系統，並把他們與創業生態系統整合起來。我們也會在過程中提出一些實例。

我們的方法

為了收集這本書的素材，我們是從實務面及研究面雙管齊下。由於我們是共同作者，我們逼彼此走出舒適圈。當我們從不同的角度探索問題時，就能刺激彼此去了解問題的全貌，而不是拘泥於自己的參照架構。雖然相較於「盲人摸象」，我們兩人知道較多的脈絡，但我們為這本書開發概念時，運用了不同的經驗、視角與技能，使我們能夠不斷地挑戰彼此的思維[2]。

我們都曾經親身參與及研究新創企業、新創社群、以及它們對當地社會與經濟的影響。我們兩人在這些領域的經驗加起來有數十年。我自己做了三十幾年的科技創業者及創投業者。我也與人一起創辦了兩家創投公司，其中一家是 Foundry Group，我從

二○○七年就是該公司的合夥人。我也與人一起創立了Techstars，那是一個幫助創業者成功的全球網絡。透過這些工作、寫作、以及參與無數非營利的創業活動，我一直積極地培育世界各地的新創社群。

海瑟威在創業、創新、城市、經濟成長等領域有豐富的研究與寫作經驗，曾為許多頂尖的智庫、大學、政策機構效勞。他也有分析、策略、創新、公共政策等方面的管理顧問背景。他的創業經驗是從研究員、作家、講師的身分開始，逐漸演變成實踐者——先是新創企業的員工，接著自己創業，如今同時身兼顧問、導師、投資者的身分。

我們的共同經驗與知識只是一個起點，因為這本書是站在許多前人的肩膀上。多年來，尤其是近幾年間，我們鎖定新創社群的相關主題，檢閱了成千上萬頁的分析與寫作[3]。那些主題廣泛多元，資料來源涵蓋了學術論文、商業與政策研究、實務與理論書籍、個案研究、部落格與網站上的非正式評論。這些參考資料都清楚標註在整本書中，也詳細編列在書末，以便想要深入研究的讀者檢索。

我們與世界各地的數千位創業者及新創社群的參與者交談過，他們的經驗與學識為我們的思維帶來了極大的啟發。

在本書中，你會看到除了正文之外的四種欄目。第一種是簡要描述《新創社群之道》的原則，那會出現在第三章開始的開頭。第二種是穿插在文章中，包含創業者與新創社群打造者的「案例分享」，那個例子正好與前面提到的正文相關。第三種是「價值觀 & 美德」，那是用來說明一組對新創社群的長期健全發展非常重要的行為特色。第四種是與那個單元有關的「延伸閱讀」，但獨立於正文的脈絡之外。

更深的動機

我們都有一個根本的信念：世界上的每個人都應該自由地生活在能為他們帶來最大快樂的地方，他們理當有機會在那些地方從事有意義的工作。當這種機會不存在時，他們理當取得資源，為自己創造有意義的工作。我們認為，他們理當在一個比較穩定、和平、公正的社會中做到這點。在那個社會裡，每個人都享有基本人權、法治、個人自由。

然而，要達到那個目標，我們還有很長的路要走。目前，全球約有一〇％的人口活在赤貧中，儘管那個比例已明顯比二十幾年前的三五％低了[4]。如今全球仍有半數以上的人口活在政治不

太自由的社會裡[5]，數百萬人失業或未充分就業（無論是工作時間或工作能力）。在許多地方，創業是基於需要，而不是機會[6]。數百萬民眾每天目睹衝突發生，世界上的多數人仍持續面臨某種形式的歧視，許多人面臨的挑戰比其他人還多。

我們相信創業精神可以超越政治、經濟、文化的界限。對我們來說，面對當前的地緣政治氣氛及全球諸多的社會挑戰下，解決這個問題特別重要。

我們覺得，一個人想要創業成功，並沒有必要搬到矽谷、倫敦、上海、博德市、杜拜或紐約。我們希望大家能在自己選擇居住的地方從事創業活動。這樣做免不了需要做一些權衡取捨，但是在自己想住的地方創業的人，比在其他地方創業的人更有可能成功[7]。

誠如我在《新創社群》裡寫的：

我堅信，在世界上的任一城市，你都可以打造一個長期生氣蓬勃且永續發展的新創社群。但這並非易事，它需要正確的理念、方法、領導、長期的奉獻。因此，這本書的目的是要幫你了解怎麼做到這點，並提供你一些工具，讓你在自己的城市裡打造出一個驚人的新創社群。

《新創社群》出版以來，全球的創業活動強化了我們的決心。有才華又有動力的人應該能在他們選擇的任何地方，打造及發展可擴展的事業，也在事業的周遭打造相互支持及知識共享的社群。我們相信創業精神可以讓世界變得更好。

　　如今，數位技術的進步、創業資訊的取得、以及大家對永續經濟成長的追求，使新創公司變成世界各地的人民、政府、企業、其他利害關係人關注的焦點。現今推動創業者的動力與振奮情緒都是前所未有的。

　　在數位時代，大家普遍認同創業可帶來成長機會。新創企業的營運環境與成長機會對其成敗有很大的影響。這些外部因素的本質——更重要的是它們與創業者的關連，以及它們彼此的關連——可以解釋為什麼有些地方能夠持續孕育出影響深遠的新創企業，但有些地方卻很難做到。

　　創業者需要一個相互支持及分享知識的新創社群，才能蓬勃發展。但是，在許多城市、地區、國家裡，大家在培育這種新創社群方面，幾乎沒什麼進展。成敗的關鍵不是因為缺乏如何為在地創業者改善環境的知識，也不是因為缺乏可借鑒的具體例子。我們有充分的理論與資料作為指引，也有足夠的故事可以激勵自己，那為什麼還是那麼難做到呢？

博德論點

　　蓬勃新創社群的中心思想、行為、實務、價值觀，對許多創業者來說，是再熟悉不過的第二天性。然而，這些東西對大公司、大學或政府來說，往往有悖直覺或與理念不符。那些單位是階層組織，它們的運作方式與新創社群截然相反。新創社群就像新創企業一樣，是在網絡模型中蓬勃發展。

　　在《新創社群》中，我提出「博德論點」這個概念，作為在任何城市打造新創社群的基礎。博德論點的四個原則是：

1. 創業者必須領導新創社群。
2. 領導者必須長期投入。
3. 新創社群必須接納任何想要參與的人。
4. 新創社群必須持續舉辦讓整個創業圈參與的活動。

　　這些原則簡潔有力，卻有一個意想不到的負效果。它們在創業者與新創社群的其他人之間產生了隔閡。當我們為創業者貼上「領導者」（leader）的標籤，為其他人貼上「參與者」（feeder）的標籤時，那是把新創社群的人和行為區分開來。雖然這樣做可

以把焦點放在創業者扮演的獨特角色上，但許多人把這種區分解讀成：創業者對新創社群比較重要，參與者對新創社群比較不重要。這不是我的本意，其實領導者與參與者對新創社群的健全發展都很重要。

新創社群是複雜適應系統

我們開始寫這本書時，是從兩個簡單的問題出發：「我們從博德論點學到什麼？」以及「有沒有什麼更完善的架構，可以幫我們了解新創社群是如何發展與演變的？」

最終，我們得出的結論是，透過「複雜適應系統」的視角來了解及參與新創社群最好（我們把複雜適應系統籠統地定義成「互動的研究」）[8]。我們不是率先把這些概念聯想在一起的人。廣泛的學術界早就有一些研究，甚至我們欣賞的一些熱門研究也是受到複雜理論的影響[9]。我們決定，我們的任務是更深入地銜接理論與實務，並以這本書來闡述我們的論點，藉此把這個概念導入主流。我們各自深入研究複雜理論，並開發出一套架構，名為「新創社群之道」（Startup Community Way）。這套架構是以博德論點為基礎，並以複雜適應系統的架構來佐證。

我們在彙整新創社群的犯錯清單時，發現那些錯誤很像大家與複雜適應系統互動時所犯的錯誤。如果你已經很熟悉《新創社群》，你可能很熟悉底下的一些錯誤：

- 把線性思維套用在非線性的世界中。
- 試圖掌控新創社群。
- 獨自處理問題。
- 只關注新創社群的組成分子，而不是他們之間的互動。
- 覺得套公式就能打造或複製新創社群。
- 衡量錯誤的東西，尤其是那些很容易抓到、但是對績效不太重要的數據。

我們會探討上述的每個錯誤，但這本書並不是打造新創社群的指南，而是為你的發現流程提供一套指導原則與見解。不過，這本書不只談理論，也包含實務見解，而且那些見解遠遠超越了新創社群的打造，包括如果管理事業、設計有效的公共政策，以及成為更好的領導者或導師。

來自複雜科學與新創社群的見解，有助於駕馭複雜的人際關係系統，讓大家一起合作解決棘手的問題。現今的世界裡，資源

投入（input）呈幾何級數成長，而且資源之間密切相連，令人疲於因應。如今我們獲得的資訊比以前多，但這有一個缺點。套用錯誤的決策架構時，那可能為立意良善的人與組織帶來災難性的後果。從線性思維轉為複雜系統思維是因應這些挑戰的有效方法。

二〇一二年的結論

二〇一二年出版《新創社群》時，經濟已經開始從產業、階層化、由上而下的型態，轉變成數位、網絡化、由下而上的型態。約莫同一時間發生的四件大事也加速了那個轉變歷程，深深改變了世界各地的新創企業與創業者的發展。

首先，全世界持續緩慢地擺脫二〇〇八年金融危機以後的經濟大衰退（那是自一九二九年至一九三三年的經濟大蕭條以來，最嚴重且持續最久的經濟低迷）。舊有的生產模式顯然對許多公司與勞工來說不再適用。工作機會稀少又不可靠。許多有才華的年輕人開始尋找貢獻社會的新方法。這段期間，隨著華爾街的機會消失，一流人才開始轉向矽谷[10]。

與此同時，三種數位技術匯集在一起：隨處可見的高速上

網、智慧型手機、雲端運算。在更多的地方，創立一家數位公司變得更便宜、更容易了，只要能連線上網，有一台筆電，再發揮想像力就行了。

第三個關鍵要素是全球央行採取低利率政策，這個要素的全面影響，直到最近才變得顯著。央行之所以那樣做，是因為家戶與企業從衰退中復甦時，行事比較謹慎，央行想藉由低利率來振興經濟。然而，利率持久壓低，導致前所未有的金融資本湧向全球的新創企業，因為投資者（例如創投基金）想投資風險較高的資產，以獲得較高的報酬[11]。這個趨勢持續至今[12]。

最後，這股創業風潮擴散到更廣泛的參與者與地方。二〇一一年，歐巴馬總統宣布「創業美國」方案（Startup America），這項全國計劃是為了在美國各地培養新創社群的發展。大學開始把創業課程列為重點課程。各種新的創投基金（其中許多專注於非常早期的投資）開始募集及部署資本，愈來愈多的企業也開始設立創投單位以參與投資。許多創業支援機制（包括創業加速器與孵化器）的規模與範疇迅速成長[13]。媒體也對新創企業產生更大的興趣。創業再次變得容易，並為變革奠定了基礎。

就像其他變化迅速又普遍的時期一樣，愈來愈多人想知道如何把握這股創業熱潮。相較於網路狂潮時代的歇斯底里，這個時

代感覺不同的是，大家想把事情做對。大家不再只是設定「賺錢」這個單一目標，而是試圖了解如何在世界各地的城市，有效地建立一個生氣蓬勃的新創社群。

《新創社群》透過我在博德市的親身經驗，為新創社群的打造者提供一套架構與務實的指南。在一九九〇年代中期，博德市還沒有新創社群。那時有很多創業活動單獨進行，但很少活動以協調的方式把大家聚集在一起。不過，隨著時間的推移，這種情況慢慢改變了，因為有一小群認真的創業者創造出一種由下而上的自然運動，逐漸形成一個新創社群。

在博德市，社群的文化超越了創業活動，並影響了整個城市。這種更廣泛的使命感與責任感，融入了當地的新創社群。當時沒有任何計劃，就只有一小群創業者相互扶持，以及一種鼓勵這種風氣的文化。博德市就像許多擁有成功新創社群的城市一樣，發現啟動一個新創社群的關鍵很簡單，只要有一小群可靠又專注的創業者以身作則就行了。

博德市有很多優勢，這裡有受過良好教育的人才，一所頂尖的研究型大學，許多高科技公司和研究實驗室，大量的便利設施，以及我剛才描述的強烈社群意識[14]。因此，有些人批評，以博德市作為新創社群的範例太理想化了。雖然這種批評是可以理

解的，卻抓錯了重點。博德市帶給我們的啟示，並不是「一切都要盡善盡美」，也不是「只要把這種範例複製到其他地方，就可以獲得類似的結果」。它帶給我們的真正啟示是，博德市的協作特質讓它能夠善用既有的資源，因此提高了成功的機率，而成功更是吸引資源的終極力量。接著，良性循環就形成了。不過，事情發展不見得都那麼順利，我們這些參與博德市新創社群的人必須投入很多心力。與其擔心有人抄襲博德市的作法，我們更應該記取博德市的經驗：只要培養一群樂於助人又樂於合作的人，無論目前有什麼資源可用，都可以提高創業者成功的機率。

現今的想法

到了二〇二〇年之後，「經濟大衰退」之後所累積的動能達到了顛峰，促成全球創業活動的大爆發[15]。全球經濟的重新定位，不斷擴大的科技機會，極低的資金成本，以及參與創業的人數大幅增加，都進入了高速發展階段。

全球新創社群的規模壯大了，遍及更多地方，吸引了更多人與組織的參與，也推出了更多的活動。這個社群對創業所展現的熱情與樂觀，在社會的許多領域都是無可匹敵的。創業活動的增

加也有實證可循。研究顯示，在美國及全世界，創業活動都有顯著的成長，而且地理分布不斷地擴大 [16]。雖然美國新創企業的成長正創下年度記錄，但世界其他地區的新創企業成長得更快 [17]。

儘管有這麼多令人振奮的事情，但仍有幾個理由值得大家更加留意謹慎。雖然創業界的發展驚人，但沒有人討論無可避免的逆境出現時，會發生什麼。過去十年來，有一股順風推著我們前進，當這股順風減緩或轉向時，我們的熱情會跟著一起蒸發嗎？創業者隨時都有可能再創立新公司，但是當順風變成逆風時，新創社群的參與者還會繼續帶來資源及持久投入嗎？在本書英文版出版前的最後幾週，隨著 COVID-19 席捲全球，變革的風氣猛然來襲。由此可見，這種轉變可能突如其來，迅速發生，瞬間造成風雲變色。

第二，我們剛才提到的許多指標，都是對創業與新創社群的資源投入。資源投入的增加，不見得會產生更好的結果。對新創社群來說，更多的參與和活動所帶來的回報可能會延遲出現，有時甚至延遲一個世代之久，那可能導致失望、懷疑，以及短期內乾脆放棄。因果關係往往無法在複雜系統中確立，也會混入來自長期回饋循環的心理影響。

第三，我們常記錯教訓，忽視了正確的啟示。在迅速發展的

新創社群中，我們常看到違背博德論點那四大原則的情況。例如，許多社群不是由創業者領導；難以普遍接納每個想要參與的人；許多人與組織聲稱他們放眼長期，但我們進入目前的週期十年了，有人開始要求看到更好、更快的結果；當參與者開始認為一切奏效時，就不再舉辦讓整個創業圈參與的活動，而是改辦一些毫無意義的獎項、派對、類似大拜拜的創業大會、超大型的募資成功公告。

以複雜理論來說明新創社群

管理系統長期運作下來，會發展出一套原則。在工業革命期間，那些原則正式變成一種管理人力、提高效率、增加生產的方式。二十世紀初，弗雷德里克・溫斯洛・泰勒（Frederick Winslow Taylor）、亨利・福特（Henry ford）等思想與產業先驅根據這些原則，開發出階層制度[18]。二十世紀期間，以這些原則為基礎的當代科學管理理論，在多數的工業化國家扎根。但在一九九〇年代中期，隨著商務網路的出現，情況又變了。通訊科技的迅速創新（包括硬體、軟體、網路），促成了新的商業互動形式。過去十年間，我們經歷了徹底的轉型（從階層制度變成網

絡），營運方式也從「由上而下」變成「由下而上」，原則上也發生了類似「新創社群之道」的改變。

這本書的知識主幹是取自複雜理論，那是物理學家、演變生物學家、社會學家開發的一門跨領域科學，目的是為了更詳盡地說明這個世界固有的複雜本質[19]。複雜理論充滿了啟發性，但是要融會貫通也相當困難，因為它是解釋動態系統的行為，那些動態系統中有許多彼此相連的參與者，他們隨時都有行動，並對彼此的行動產生反應。它有助於解釋，為什麼事情往往無法按照計劃進行，為什麼我們會犯可預見的錯誤，以及如何克服許多固有的心理、社交、組織局限性。

新創社群基本上是一個複雜適應系統。為了簡潔起見，我們在整本書中把「複雜適應系統」簡稱為「複雜系統」。以下是複雜系統可直接套用在新創社群上的一些特質。

- **複雜系統是無法掌控的**。人性先天想要掌控事物，但這是一種錯覺，因為我們能掌控的事情很少。在新創社群中，試圖掌控或策劃預期的結果都是徒勞的。我們不只建議大家「不要試圖去掌控」任何東西，我們也建議大家「拋開你握有掌控權的錯覺」。

- **複雜系統是無法完全了解的。**非常複雜的系統（比如新創社群）充滿不確定性，想要預測結果是徒勞的。人性先天厭惡不確定性，這導致我們犯下可預見的錯誤。因應複雜系統的更好策略是做小規模的實驗，從中學習，必要時調整，然後重複這樣做。與其設法策劃結果，不如專心塑造恰當的環境條件，讓恰當的結果自然地出現。

- **複雜系統需要全面看待。**在新創社群中，每個行動都會促成反應，每個反應又會引發連串的行動與反應。那些行動可能不明顯或延遲出現。過於簡化或狹隘的觀點，對於正在發生的事情只能提出很小的洞見。這樣不僅無法解決現有的問題，還可能衍生新的問題。

- **在複雜系統中，互動非常重要。**在複雜系統中，雖然組成分子是必要的，但分子之間的互動才是重點。在新創社群中，許多人錯把焦點放在個體上，而不是他們之間的連結與互動。這是因為前者比較具體，更容易看到或調整；後者比較隱約，需要長時間的演變。

- **進行小規模的實驗，從失敗中學習。**由於複雜系統充滿不確定性，又不是線性的，新創社群的參與者需要做好失敗的準備，坦然面對失敗。由於失敗是實驗最有可能

出現的結果，我們建議大家採用敏捷法（agile approach）：嘗試許多小事情，獲得意見回饋，加以調整，反覆改良[20]。始終把顧客放在心上（在新創社群中，顧客是指創業者）。不要鼓吹「放膽做大，不然別做」的策略，而是從小規模著手，即使不順遂，也不必放棄。

- **進展是不平均、緩慢、出乎意料的。** 複雜系統呈現非線性的行為、相變（phase transitions，意指大轉變迅速發生）、厚尾分配（fat-tailed distributions，意指能夠產生極大影響的事件其發生機率，比常態統計分配所預測的還高）。看似很小的行動，可能突然造成巨變。幾乎無法把因果連結起來，也無法可靠地預測各種專案或政策的結果。

- **傳染是一股力量，可加速或限制進步。** 複雜系統有互連性，所以想法、行為、資訊可以像病毒或金融市場的恐慌那樣，迅速廣泛地傳開。在新創社群中注入健全的想法與實務很重要。我們需要清楚闡明什麼是有益的，並盡量消除不當的想法、行為、資訊的影響。

- **善用你的優勢。** 歷史與地方脈絡是複雜系統的基礎。你不可能複製一個矽谷，所以我們常說：「不要一心只想變成矽谷。」每個新創社群都應該專心打造最棒的自己，而

不是複製別的社群。每個城市都有自己的淵源與歷史演變，也有自己的獨特文化、智識、自然資源。與其模仿其他社群，不如專注提升自己。

■ **莫等待**。你不需要等整個城市都認同才啟動，只要有一群可靠的領導者致力改善環境就行了。關鍵群體的規模，可能只要六個創業者都打算致力投入二十年就夠了。接著，就開始動起來，吸引更多人來參與，讓大家看到你在做什麼，然後反覆改良。傳染效應很強大，可能突然創造出一個引爆點，永遠改變新創社群的發展進程。大家看到領導者撥冗協助創業者時，也會找時間來幫忙。

把博德論點轉變成新創社群之道

在本書最後，我們希望強化博德論點的價值，同時打造一個更強大、耐用的架構，我們稱之為「新創社群之道」。新創社群之道不是要取代博德論點，而是一種實務經驗的演變。那是以我們和許多創業者及社群打造者過去十年的經驗為基礎。就像博德論點一樣，那是一套簡單明瞭的原則，當你在整個新創社群中長期落實這些原則時，就會產生深遠的影響。你會注意到裡面也包

含博德論點的四個原則，因為新創社群之道並沒有要取代博德論點，而是一個超集合。

1. 創業者必須領導新創社群。
2. 領導者必須長期投入。
3. 新創社群是複雜適應系統，是由參與者的互動形成的。
4. 新創社群可以受到引導及影響，但無法掌控。
5. 每個新創社群都是獨一無二的，無法複製。
6. 新創社群是由信任網絡組成的，不是由階層組成的。
7. 新創社群必須接納任何想要參與的人。
8. 開放、支持、協作是新創社群的關鍵行為。
9. 新創社群必須持續舉辦有意義的活動，讓整個創業圈參與。
10. 新創社群必須避免讓衡量指標帶動錯誤的策略。
11. 以創業者為重、先付出再求回報、熱愛本土都是新創社群的基本價值觀。
12. 新創社群的動力來自創業成功及回饋給下一代。
13. 最好的新創社群與其他的新創社群是相互連結的。
14. 新創社群的主要目的是幫創業者成功。

我們覺得，創業精神與創業心態對社會來說是難能可貴的。隨著新創社群在全球日益普遍，新創企業的成長與發展經驗也可以套用在各種組織上。我們相信，把新創社群之道套用在政府、學術界、大公司、非營利組織，也可以產生強大的效果。由於階層架構的目的往往是為了掌控複雜系統，這讓我們更加確信，新創社群之道適合這些階層組織。不過，階層架構是一種過時的管理模式。世界已經變了，我們也必須改變。

PART 1

歡迎來到新創社群

第二章

為什麼會有新創社群？

　　既然世界幾乎任何地方都可以、也應該有新創社群，為了更深入探索新創社群的運作方式，我們必須先說明創業者做什麼事情，也說明創業者與社群所在地的關連。雖然新創社群是一個抽象的概念，但是切記，創業者與新創社群的參與者都是人。

創業者做什麼？

　　創業是指一個人或一群人（所謂的「創業者」）先探索市場、進而把握商機的一種流程。他們把握商機的方式，通常是把新的商品與服務導入市場，或是明顯地改進現有的產品、服務或生產方式[1]。這個流程通常需要成立一家公司（所謂的「新創企

業」），創業者因此承擔相當大的個人風險與財務風險。

精實創業運動的教父史蒂夫・布蘭克（Steve Blank）指出：「新創企業是為了尋找一個可重複、可擴展的商業模式而設立的臨時組織。[2]」這個暫時的階段，是為了測試及驗證一種商業模式。通過驗證後，就可以轉變策略，以追求高成長率及市占率（擴大規模）。驗證失敗，則停止營運。

創業不單只是創立及擴大公司的規模而已。創業的方法（所謂「創業思維」）可以應用在許多不同的問題與組織類型上。許多公司在生命週期的後期才出現高速成長，原因可能與創辦人的最初意圖不同。

新創企業的創業者與傳統的小企業主不一樣。新創企業的創業者懷抱著創造新事物及大幅擴展事業的雄心，小企業主則大多希望維持小規模[3]。新創企業的創辦人一開始就打算做一些截然不同的事情，擴大規模，並創造顯著的經濟價值。在《新創機會》（*Startup Opportunities*: *Know When to Quit Your Day Job*）一書中，我與合著者尚恩・懷斯（Sean Wise）針對兩者的區別寫道：

創業分兩類，兩者大不相同：（1）在地企業，又稱中小企業（small- and-medium sized enterprise，簡稱 SME）或生活企業（lifestyle business）；（2）高成長公司，通常稱為新創企業或瞪羚

企業（gazelles）。

在地企業，顧名思義，就是只做在地生意的事業，顧客就在事業的附近，例如雜貨店、書店、非連鎖餐廳、獨立經營的加油站。有些在地企業會擴展營運，到處展店，轉變成大型企業；但多數的在地企業在存續期間只做本地生意。

相較之下，高成長公司鮮少把焦點放在本地。雖然它們通常是在某個地方創立，而且草創時期通常只有幾個人，但公司的創辦人希望公司迅速成長，不受地理邊界的限制。他們的客戶遍及全球，不管這種公司是否在地理上擴張，它們的事業很少受到地理限制[4]。

根據現代的經濟理論，促使經濟永續發展的關鍵要素是知識，而不是原物料、機器或人體肌肉[5]。機器與勞力的規模報酬是遞減的，創意與知識的報酬是遞增的。把知識轉變成經濟價值，需要靠創業者把握別人看不見或無法善用的機會[6]。雖然創意可能是經濟潛力的泉源，但那些潛力還是需要靠創業者才能轉化為現實，進行創造出業績與價值。在美國與許多國家，約一〇％的企業創造了全國一半以上的年收與就業成長[7]。因此，少數幾位創辦高影響力企業的創業者，驅動著大部分的經濟成長。這些企業通常創立的時間還不長，集中在知識密集的產業與城市

中，員工大多學歷很高[8]。它們是創新導向的公司，靠的是腦力，而不是體力。

外部環境

創業者是把「好的創意點子」以及「想要創造就業機會及經濟繁榮的決心」結合起來。那些創意點子是從哪裡發掘的呢？

在工業時代，生產通常涉及資源累積、規模經濟、垂直整合。公司大多是獨立營運，它們可能自建廠房，或設在一般的辦公園區裡，或進駐精心設計的企業園區。創意的一大重要來源是企業內部的研發部門，或來自嚴格控管的供應鏈。

在資訊時代，面對瞬息萬變的科技，企業除了需要累積創意與人才以外，也必須不斷地學習及調適[9]。創意點子不是只在公司的實驗室裡產生，再整合到公司內部的產品週期。它們可能是來自教室、大學研究設施、競爭對手、相關產業，也可能是來自員工和產品使用者的知識與意見回饋。

因此，創業者和他們創建的新創企業必須積極關注外部環境，因為許多最好的創意點子、資訊、資源是在公司之外，不是他們能直接掌控的。隨著集體知識的深度擴大，以及科技進步的

速度加快，沒有人能做到無所不知。因此，在資訊時代，公司的界限必須是「模糊的」[10]。

創業者必須取得的資源，不單只有創新的想法、科技或專業資訊而已。他們還必須匯集一群技術熟練的員工、顧客、供應商，並挹注創業資金與創業經驗。在傳統的市場機制中，買賣雙方按照特定的價格與條件來交換商品、服務或資訊。但那種傳統模式在現在的環境中已經難以發揮了。資源的交換往往是透過人際關係或往來關係遠距發生的，不必直接接觸。

因此，新創企業是依賴外部環境來確保重要資源。雖然不是「所有」的重要資源都不在新創企業的掌控中，但很多重要資源確實不是新創企業所能掌控的。

其實所有的公司都面臨這樣的問題，只是程度不一，但這種情況對新創企業來說特別重要。無形資源的市場不見得會出現在現有市場中，獲得那些資源需要靠人脈。企業都有資源依賴性，有些生產要素不在他們的掌控中，所以一個法律上獨立的組織可能需要依賴其他組織[11]。甲公司對乙公司的依賴，與乙公司對甲公司的影響力成正比。

對新創企業來說，這帶來兩種嚴峻的挑戰。他們比多數公司更依賴外部環境，而且往往欠缺關鍵資源。他們的成功有賴外面

的人與組織，那些人與組織可能對它們產生極大的影響。

當那些可以占新創企業便宜的人與公司選擇不占它們便宜時，我們就會看到蓬勃發展的新創社群。那些人與公司不會傷害新創企業，而是不斷想辦法幫助它們。他們利用或放棄「資源不對稱」的程度，決定了一個新創社群的長期延續力。

網絡優於階層

如果創業流程的重點在於取得關鍵資源，網絡是提供那些生產要素的機制。近幾十年來，已開發國家和新興國家都經歷了一場巨變，從工業時代的中央化管控結構，轉變成資訊時代的分散化網絡組織。這些宏觀的變化是普遍、不可分割的，但組織的形式和人類的行為卻調適得很慢。

階層制度最適合需要嚴格控管生產、資訊或資源的情況，例如製造商或大學、政府、軍隊之類的大型官僚組織。階層結構是穩健、不靈活的，需要正式的規則、標準的作業程序、連串的指令。相反的，網絡有彈性、可調整，需要靈活性及資訊流通。健全的新創社群需要採用網絡架構，讓資訊流通暢行無阻，階層制度會扼殺資訊的流通。

這種想法是受到經濟地理學家安娜莉‧薩克瑟尼安（AnnaLee Saxenian）的開創性著作《區域優勢》（*Regional Advantage: Culture and Competition in Silicon Valley and Route 128*）的影響。為什麼一個地區始終比其他地區更具創新與創業精神呢？我們覺得薩克瑟尼安那本書可能是當代探討這個主題的最重要著作。

在那本書中，薩克瑟尼安比較了兩個科技中心：加州矽谷和波士頓附近的「一二八公路長廊」（Route 128 Corridor）。這兩個地區在孕育大量資訊科技企業方面，直到一九八〇年代中期都很相似。一二八公路長廊甚至可以說是更具優勢的科技中心，它從二戰期間崛起，一直發展到五〇、六〇、七〇年代。然而，此後，一二八號公路長廊就陷入停滯，矽谷在全球科技競賽中開始領先。

一九八〇年代與九〇年代究竟發生了什麼事情，導致矽谷加速成長，但一二八號公路長廊的成長卻減緩了呢？

一段激烈又快速的科技顛覆期，再加上全球競爭加劇，導致波士頓比較僵化的階層結構無法迅速調適，但矽谷的「競合」（collaborative competition）開放文化是建立在網絡架構上，所以比較能夠發現及利用那些變化。

我在《新創社群》中如此概述：

薩克瑟尼安以令人信服的論點主張，開放及資訊交流的文化促使矽谷崛起，凌駕一二八號公路長廊。這個論點與「網絡效應」有關。當社群中的公司與產業習慣彼此分享資訊時，就能善用網絡效應。薩克瑟尼安發現，昇陽（Sun Microsystems）、惠普（HP）等矽谷公司之間的界線並不是封閉的，而是有很多孔隙，可以互通有無。相對的，迪吉多（DEC）、阿波羅（Apollo）等一二八號公路長廊的公司是封閉的，自給自足。兩者之間形成了鮮明的對比。更廣泛地說，矽谷文化樂見企業之間的橫向資訊交流。迅速的科技顛覆正適合矽谷這種開放資訊交流及人才流動的文化。在科技瞬息萬變下，矽谷公司更有能力分享資訊、採用新趨勢、利用創新、靈活應對新局。與此同時，在科技動盪期，垂直整合及封閉系統導致許多一二八號公路長廊的公司處於劣勢。

　　在資訊、人才、資金可透過網絡自由橫向流動的環境中，新創社群蓬勃發展。由於有人的介入，這種網絡是一種人際關係的系統。這些資源受到文化規範的影響，這些資源的孕育本質上是由下而上的，它們的發展很慢，受到行動的激勵，是由價值觀塑造而成。

信任網絡

社會資本（或稱「信任網絡」）根植於人際關係。那些人際關係是以共同的規範與價值觀為基礎。一群個體就是靠那些共同的規範與價值觀凝聚在一起，才能有效地合作。在複雜系統中，信任網絡非常重要，因為這種系統需要在快節奏、模糊、不斷變化的環境中創造很高的績效。軍事特種部隊、現代航空、運動比賽、超成長新創企業的成功都有賴團隊合作，而團隊合作的培養是以信任及共同使命感為基礎[12]。

在新創社群中，這個網絡為公司創辦人及員工提供重要的資訊與資源（如創意、人才、資金）。但社會資本或這些人際關係的性質，決定了資訊與資源在網絡中是否流通自如。

社會資本與非正式規範是資訊分享、協作、人際連結的潤滑劑[13]。所有的企業都需要與外面的人打交道，例如顧客和供應商。但在複雜環境中（例如現今創新導向的新創企業所面臨的環境），企業不見得能與外界正式地打交道。新創企業必須依賴彼此之間以及它與整個社群之間的非正式協議。這些非正式協議是靠信任、互惠、誠信承諾、管理達成的。

對新創社群來說，社會資本是高度信任的良性關係所帶來的

價值。在某個擁有一定的資源與創業能力的地區裡，社會資本愈多的新創社群可以創造出更好的成果。

對一個運作良好的新創社群來說，社會資本會隨著時間的推移而變得愈來愈重要[14]。新創企業需要依賴外部網絡，人際關係的品質會限制或助長外在網絡的發展。大量的研究顯示，經濟成長與社交連結穩健的公司、社群、地區、國家息息相關。那些穩健的社交連結是靠信任、靈活性、非正式關係培養出來的[15]。網絡的價值不僅取決於連結的數量或網絡結構，也取決於那些連結的性質，以及在它們之間流通的資訊有多重要。

現今的創新，本質上相當複雜，需要擁有多元技能的大群人馬。誠如維克多‧黃（Victor Hwang）和葛瑞‧霍洛維特（Greg Horowitt）在著作《雨林》（*The Rainforest: The Secret to Building The Next Silicon Valley*）中所述，我們比以往更需要多元團隊，但遺憾的是，我們先天就不信任與我們不同的人。蓬勃的創新系統之所以異於其他系統，關鍵在於它能夠不斷地克服這種人性限制[16]。

透明與誠實

為了傷害他人而刻意撒謊或欺騙他人，對新創社群是一大傷害。那是顯而易見的道理，不過，缺乏誠實——即使是為了保護他人或自己——也是有害的，那會造成困惑，破壞信任，最終導致成果欠佳。對任何健全的社群來說，誠實都是根本的價值觀。

透明也是如此。決策影響新創社群時，需要公開，並徵求所有相關人士的意見。你需要清楚說明你行動背後的根本原因，包括拒絕他人的時候，即使那樣做很難。

新創社群有一個長期存在的問題：缺乏溝通，被動迴避，尤其是對一個人或一個專案不感興趣的時候。忽視訊息或讓事情懸而未決是錯誤的作法，因為那會破壞信任與聲譽。如果你不感興趣，或不能參與某事或與某人互動，那就說出來，但要好好說。

誠實與透明是健全新創社群的特徵。你需要誠實、直接、恭敬、好好地表達自己，同時知道你可能會誤解情況。你的表達要有建設性，尤其是在激烈或情緒化的情況下。了解周遭的環境，並知道每個人提出意見及接受意見的方式都不一樣。

在氣氛緊繃的情境中，抱著善意互動，有助於事情的進展。關

鍵在於，這是互相的，雙方都要有意願提出及接受坦率的觀點。以相互尊重的方式因應對立的觀點，接下來的對話可以是一種加分，而不是扣分或讓人避之唯恐不及。在複雜系統的演變中，衝突是不可或缺的一部分。兩個東西相互摩擦才會進步。

雖然坦誠與摩擦可能在短期內讓人覺得很受傷，但長遠來看，可以促成更堅韌、表現更好的系統。就像生物系統可能歷經短期磨難、但促成長期和諧一樣（例如野火有助於維持生態平衡），短期的痛苦對新創社群來說也是健康且正常的養分。

不友善或缺乏包容心的環境，是導致大家不願透露真實意見的主因。充滿敵意的環境，缺乏信任，大家總是對彼此做最壞的打算。不誠實的交流有損信任，如此衍生的意見循環也是負面的。這種情況變成常態時，環境就會停滯或惡化。

雖然每個人都有責任確保一個讓大家坦然表達意見的環境，但領導者應該以身作則。有一種方法一定可以培養信任，那就是展現脆弱的一面。這樣做很容易拉近彼此的距離。在新創社群中，創業者互動的方式對新創社群的發展非常重要，尤其意見分歧及衝突時的互動方式更是關鍵。雖然各種系統免不了都會出現衝突、誤解、憤怒、失望、失敗，但領導者的長期行為，尤其是因應這些困境的方式，對新創社群的長期健全發展有很大的影響。

密度與聚集

對新創企業來說，尤其是草創期，最重要的關係是在地關係。雖然創業者和新創社群的參與者跟其他地方的人互動也有幫助，但在地關係最有價值。也因此，地理位置在新創社群中扮演核心要角。

許多企業與人力密集地聚在一起，對多數的產業都很有價值，因為那降低了交易成本，也改善了公司、人才、供應商、客戶之間的搓合。這種「聚集效應」（或稱「外部經濟」）是公司外面的在地效益，網絡規模擴大時就會出現。當一個產業的生產需要投入非常專業的資源時（包括人才），這種效應特別重要[17]。

除了降低成本及改善公司、人才、供應商、客戶之間的搓合以外，第三個因素「知識外溢」（或稱點子交流），對創新與創業也非常重要[18]。在複雜的活動中（比如創立及擴大創新事業），點子交流以及向他人學習都很重要。由於複雜的活動很難用語言或書面傳達，最好的學習方式是見習，亦即隱性的知識轉移，或「邊做邊學」和「邊看邊學」。

我在部落格〈費爾德隨想〉（Feld Thoughts）中寫過這種現象，以及密度對創業績效的重要[19]。舉例來說，我在舊金山、紐約或波

士頓等知名創業中心做生意時，我的活動範圍通常是集中在某幾區，我把那些地區稱為「新創鄰里」（startup neighborhood）。例如，波士頓大都會區有好幾個新創鄰里，至少有三個位於劍橋（肯德爾廣場、中央廣場、哈佛廣場），至少有三個位於波士頓市區（創新區、金融區、皮革區）。或者，以紐約市為例，光是曼哈頓中城以南，至少就有三個新創鄰里：熨斗大廈（Flatiron）與聯合廣場（Union Square）；米特帕金區（Meatpacking District）與雀兒喜（Chelsea）；東村（East Village）、蘇活區（Soho）、曼哈頓下城[20]。

與其把這些新創鄰里視為相互競爭的區域，不如把它們視為一個更大社群的一部分，這些鄰里之間的差異跨越了邊界。大家往往會在城市與城市之間以及城市的內部，設置人為的地理邊界。那可能造成一種零和心態，彷彿一個新創社群必定優於另一個社群。然而，創意、人力、資源想要自由地流動，超越行政或想像的邊界——這與零和心態是相互抵觸的。

學術研究證實，衡量城市或大都會區的新創企業密度是不夠精細的作法，因為遠距離的知識分享有很高的「衰減率」。一項研究發現，在軟體業裡，同業距離一英里內的知識分享效益，是距離二到五英里的十倍[21]。另一項研究估計，曼哈頓的廣告公司集中在一起的效益，在彼此距離超過七百五十米後（不到半英

里），就消失了 [22]。

套用創新地理學專家瑪麗安・費德曼（Maryann Feldman）的說法：

……地理提供一個為了特定目的而彙整資源的平台。雖然大家都知道公司是彙整資源的一種方法，但地理位置也是可行的替代選擇（一個匯集經濟活動及人類創意的平台）……地理不僅促進面對面的互動及隱性知識的交流，也增加意外發現的可能性（意想不到的事情造成徹底轉變的長遠影響）[23]。

像賈伯斯那樣的遠見家就深黯這點，所以他設計皮克斯（Pixar）的園區時，刻意讓不同部門的同事有機會「不期而遇」——這是一九四〇年代貝爾實驗室率先提出的概念 [24]。Google、臉書（Facebook）、其他創新公司也紛紛跟進。他們不會無緣無故在辦公室裡提供免費食物與乒乓球桌，那不只是為了讓過勞的工程師以有趣的方式釋放壓力而已，也是為了讓那些平時不會互動的同仁有機會巧遇，敞開心扉，培養關係，分享想法，尋找新的合作方式。

地點的素質

地點的素質是地理因素影響新創社群的另一種方式。新創企業的創辦人或早期員工都是技能高超的人才，他們有更多的選擇，比多數人更能自由地選擇他們想生活的地方。他們在挑選居住地點時，可以有很多選項。居住地的素質對他們來說很重要[25]。

以前經濟發展是依循「追求大企業進駐」（smokestack-chasing）的模式——利用稅收優惠及其他補貼來吸引大企業進駐某個城鎮。這種零和遊戲讓各地區相互競爭，但整體結果令人懷疑。二〇一八年和二〇一九年，吸引全美關注的亞馬遜「第二總部」選址競賽就是一例。威斯康辛州為了吸引台灣電子製造商富士康（Foxconn）設廠而達成的協議也是一例[26]。在知識經濟中，「追求大企業進駐」的效益已經減弱，因為生產需要的資源已經變了。亞馬遜與富士康的案例都體現了這點[27]。

在當今的知識經濟中，勞工、創業者、新創企業的員工所需要的，不單只是平價住房、交通便利、優質學區等傳統誘因而已。他們也想要豐富的文化、社交、自然環境，跟有創意又有趣的人共處。這些人與資源不像二戰以後是往郊區社群遷移，而是往城市及其周邊集中。

全球知名的都市規劃學家理查・佛羅里達（Richard Florida）以「創意階層」理論著稱。我們兩位作者都是這個理論的忠實信徒，非常認同這個理論與新創社群的關連性。誠如我在《新創社群》中所寫的：

理查・佛羅里達提到創新與創意階層之間的關連。創意階層是由創業者、工程師、教授、藝術家等創造「有意義新形式」的個體所組成。他主張，創意階層的個體想住在宜人的地方，享受包容創意的文化。最重要的是，他們想跟創意階層的其他個體共處。一個地區的創意階層會吸引更多的創意個體搬到那個地方，那又會使該區變得更有價值和吸引力，這種良性循環就會產生網絡效應。一個地方的創意人士達到臨界規模時，比尚未吸引大量創意人士的地方，更有地理上的競爭優勢。

實證也支持這個理論。海瑟威的研究顯示，即使把大學學歷或高科技業等因素考慮進來，美國城市的創業大增與創意階層的存在有關[28]。美國與歐洲的學術研究也一再發現，創業的衡量指標與創意經濟之間有正相關[29]。

對創業者所做的調查顯示，他們確實很重視地點的素質。例如，在全球推廣創業的團體 Endeavor 對高成長公司的創辦人做了

一項研究，結果發現，創辦人選擇創業地點時，主要考量是生活品質因素或人際關係，而且他們早在創辦公司之前就這樣做了[30]。換句話說，現今的許多創意工作者是未來的高成長創業者。

一旦創業者在一個社群裡扎根，他們往往會留在那裡。前述的 Endeavor 調查顯示，儘管高成長公司的創業者年輕時流動性很強，但他們在一個城市創辦一家公司後，很可能留在那裡。學術研究顯示，創業者挑選創業地點時，人際關係是部分考量。那些人際關係對創業績效有正面的影響[31]。

投資家兼創業者羅斯・貝爾德（Ross Baird）在著作《創新盲點》（*The Innovation Blind Spot: Why We Back the Wrong Ideas—and What to Do About It*）中提到，他與當時的科羅拉多州州長約翰・希肯盧珀（John Hickenlooper）曾經討論「在地偏好」（topophilia）[32]。希肯盧珀喜歡用「在地偏好」來解釋，為什麼科羅拉多州在世界上一直是創業的熱門地區，為什麼該州的領導人把那麼多的資源回饋到他們的社群中。他甚至在最後一次對州議會演講時，以這個詞作為核心重點[33]。Topophilia 意指「熱愛本土」。希肯盧珀州長覺得，這是關鍵所在。

希肯盧珀當上州長之前，也是創業者。他於一九八八年創立溫庫柏釀酒公司（Wynkoop Brewing Company），那也是美國最

早出現的酒吧型啤酒廠之一。他於二〇一一年至二〇一九年擔任州長，那段期間是科羅拉多州大幅成長與發展的時期。無論是整個州的發展，還是創業生態系統的發展都非常蓬勃。

二〇一八年，傑瑞德·波利斯（Jared Polis）當選科羅拉多州的州長，於二〇一九年一月宣誓就職，接替希肯盧珀。傑瑞德當州長以前，也是成功的創業者。他有一項事業是與我、大衛·科恩（David Cohen）、大衛·布朗（David Brown）共同創立Techstars。創立Techstars的一大動機，就是為了改善科羅拉多州的新創社群，尤其是博德市的新創社群。此舉可說是以實際行動來展現對地方的愛。

創業者想打造持久的東西。這種渴望會延伸到他們創立的公司，那是一種放大的激勵因素。而且，他們也想在他們喜歡的地方、他們和家人花最多時間的地方做這件事。

耶路撒冷的失落十年，
以及振興其新創社群的新興力量

班‧維納（Ben Weiner）

以色列的耶路撒冷

跳速創投（Jumpspeed Ventures）創辦人

一九九八年我從紐約搬到耶路撒冷時，以色列的首都有不少創業活動。雖然特拉維夫的規模較大，國際知名度較高，但耶路撒冷有許多新創企業以及資助它們的大型創投基金。然而，二〇〇二年一切都崩垮了，主要是因為網路狂潮的泡沫破裂以及政治開始變得不穩定。此後，耶路撒冷的創業活動沉寂了十幾年。

不過，二〇一三年，情況開始好轉，原因如下。耶路撒冷再次出現新創企業活動，首先感受到這些動態的是年輕的哈南‧布蘭德（Hanan Brand），當時他在耶路撒冷創投公司（Jerusalem Venture Partners，JVP）擔任投資經理。

布蘭德開始看到許多當地的創業者向 JVP 募資，但很多業者的規模太小或者還非常早期。布蘭德開始在酒吧裡私下舉辦活動（名為 BiraTechs），讓創業者在那裡認識及交流。同時，他也

在臉書上開了一個社團，名為「耶路撒冷創業者」（Jerusalem Startup Founders）。

二○一三年的年中，耶路撒冷只有一個加速器專案 Siftech。那本來是希伯來大學（Hebrew University）的學生經營的專案，目的是幫學生創業。Siftech 已經培養出兩組想要創業的學生，但沒有一家公司獲得資金。布蘭德剛開始舉辦 BiraTech 活動時，我參加過一次，那次活動名為「新創宣傳之夜」，共有四十幾位創業者參加，但現場沒半個投資者。耶路撒冷當時不是投資人關注的市場。我從那次 BiraTech 活動回家後，萌生了創立「跳速創投基金」的想法，專門投資耶路撒冷的新創企業。

幾年後，臉書上的「耶路撒冷創業者」社團經歷了許多演變，更名為 Capital J。那是一個獨立的非營利組織，名為 MadeinJLM，參與者包括希伯來大學和非政府組織 NewSpirit。過去六年間，耶路撒冷的生態系統中湧現了大量獲得資金的新創企業，每年都有數百家新的新創企業出現。市場上不再只有 Siftech 一家加速器，還有其他家。例如，MassChallenge 的以色列專案每年幫來自世界各地的五十幾家新創企業在耶路撒冷創業。耶路撒冷的創投資金仍比不上特拉維夫，但隨著時間的推移，耶路撒冷的創投資金已經大幅上升。

什麼因素促成這種創業熱潮的復興？

耶路撒冷的創業者大多主動選擇住在耶路撒冷，而不是為了創業才搬到這裡。耶路撒冷吸引了多元的居民，因此這裡的創業群是由形形色色的人所組成，包括以色列的在地人與移民、男男女女、有宗教信仰者與無宗教信仰者、猶太人與阿拉伯人。整個生態系統洋溢著協作及樂於助人的精神。The Family 投資公司的創辦人尼古拉斯·科林（Nicolas Colin）為自給自足的科技生態系統提出一個絕妙的公式，那個公式是由三部分組成：（1）技術 know-how（2）資本；（3）反叛精神。耶路撒冷的學術機構與大公司一向都擁有技術 know-how。新一代的年輕創業者太天真、也太衝動，他們不知道耶路撒冷並非特拉維夫的投資者關注的市場，他們充滿了反叛精神。資本曾在一九九〇年代末期出現，但在網路狂潮的泡沫破裂後消失，現在正需要資本。經過一段時間及一些努力，資本終於開始慢慢回流了。

二〇〇八年曾是創投業者的尼·巴卡特（Ni Barkat）第一次當選耶路撒冷的市長時，他立即承諾要使耶路撒冷變成以色列的文化之都。理查·佛羅里達的理論主張，一個強大的「創意階層」是就業增加及技術創新的先兆，這個論點影響了巴卡特。無論是有意、還是無意的，在巴卡特和市府開始大力投資城市的文化活動約五年後，我們看到當地的創業活動突然激增，這並非巧合。你把錢投入一個城市，不可能自動冒出一個新創社群。但某種程度上來說，資金可以發揮催化劑的效果，尤其是透過間接管道。有一個可能不太明顯的重點是資助

創意階層。事實上，紐西蘭一所大學的代表最近來拜訪我，該大學決定補助數百萬美元，投資兩百家新的新創企業，藉此「創造」一個新創社群。我告訴她，他們可能會賠掉那筆錢，把那筆錢拿去投資兩百支搖滾樂團可能更好。她聽了以後有點吃驚。我向她解釋，若要打造新創社群，佛羅里達主張的創意階層及科林主張的反叛精神都很重要。

最好的反叛與復興之所以發生，是因為它們有多個同時發生的源頭，而不是只有一個催化劑。耶路撒冷的創業生態系統就是如此。網路泡沫破裂等負面因素，導致耶路撒冷的創業生態系統陷入沉寂。二〇一三年左右，幾個正面因素結合起來，催化了創業活動的復甦。

第三章

行為者

新創社群的主要目的是幫創業者成功，莫忘新創社群的
初衷。沒有創業者，就沒有新創社群。如果創業者沒有
成功，下一代會離開社群，創業風潮就會停滯。

　　既然我們已經概略說明外部環境如何加速或限制新創企業的
成功，以及相關的原因，接下來我們開始詳細探索組成新創社群
的個體。本章討論新創社群的兩個關鍵組成之一：它的**行為者**，
亦即一組相關的人與組織（在第四章，我們將探討另一個關鍵組
成：社群的**因素**，亦即影響創業的資源或當地條件）。

　　誰對誰以什麼方式做了什麼，非常重要。行為者分三類：**領
導者、參與者、鼓動者**。通常，各種參與者與因素之間的界限會
變得模糊，許多人在新創社群中往往會超越單一角色[1]。

雖然了解創業生態系統中所涉及的人、組織、資源、條件的範圍多多少少有些幫助，但它們不是最關鍵的結構。這些組成分子之間的互動才是重點。但首先，我們想對這些組成分子加以分類，這樣做對新手特別有幫助。

領導者、參與者、鼓動者

一個健全的新創社群是緊密相連、開放、互信的網絡，網絡中最有影響力的節點是創業者。這個概念是前作《新創社群》中爭議最大、也最容易遭到誤解的部分。我在那本書中是以「領導者」和「參與者」來描述兩種新創社群的成員。我寫道：

新創社群的領導者必須是創業者，其他人都是新創社群的參與者。領導者與參與者都很重要，但他們的角色不同……參與者包括政府、大學、投資者、導師、服務提供者、大公司。

有些人誤解了這個概念。他們覺得我縮小了非創業者在新創社群中的角色。有些人覺得「參與者」這個詞有貶低身分的感覺。那不是我的本意，我將借此機會釐清我如何看待這兩個重要的群體。

我們先用不同的詞來取代「領導者」和「參與者」，比如叫他們「蘋果」和「木瓜」好了。創業者是蘋果，其他人都是木瓜，他們都很重要，但扮演不同的角色。木瓜通常是典型的組織，或是領導那些組織的人。那些組織本質上大多是階層制。如果你為木瓜工作，即使你的工作是參與新創社群，你的雇主仍會根據你是否達成木瓜的目標來評估你的績效。有時木瓜的目標與新創社群的目標一致，有時則不然。

所以，我們強烈主張，木瓜不能在新創社群裡擔任領導角色。然而，木瓜組織裡的個體成員——亦即參與者——可以是有影響力的領導者。我們把這些人另外區分為鼓動者，因為他們帶來新的活動，也發起改變[2]。

有無數的例子顯示，鼓動者從來不是創業者，但他們努力不懈地打造新創社群。他們往往是新創社群起源的核心，而且持續推動有意義的活動。這點非常重要，因為創業者往往忙著打造自己的公司，無暇顧及大局。有時，鼓動者的角色會透過非營利組織或其他類型的組織，變成一份全職工作。但多數情況下，他們只是喜歡參與及填補新創社群中的一些角色，把它當成副業看待。這些鼓動者對各地的新創社群都很重要，他們的貢獻應該獲得肯定與支持。

一個新創社群裡，如果沒有一個核心的創業者群體來擔任領導者，這個社群是無法長久的。雖然鼓動者可以、也經常扮演領導者，但創業者是新創社群中其他創業者的榜樣，他們可以是創業者的同伴、導師或靈感來源。新創社群中不是每個創業者都得當領導者，但必須有一小群創業者出來擔任領導者。幸好，這一小群不需要太多人。總之，讓創業者成為領導者非常重要——他們為社群定調，是知識的重要來源，也為新創社群塑造一種創業文化。

　　資深創業者對創業新手有很大的影響，創業新手從前輩那裡了解創業的可能發展。經驗不足的創業者從前輩那裡獲得啟發、榜樣、指導、精神支持，以及許多微妙挑戰的建議。非創業者通常無法完全勝任這個角色，因為他們從來沒有創業經歷。

　　在社群網路中，有少數人吸引了特別多的直接或間接連結（關係）。這些人脈**節點**（也稱為**樞紐**、**超級連結者**或**超級節點**）提升了網絡的整體凝聚力。社群網站透過這種方式，就像新創社群一樣，呈現冪次分布（power-law distribution）——亦即少數人對整個系統有特別大的影響。

　　我提出「創業者領導新創社群」這個概念後，後續出現一些研究證實了這個概念。例如，Endeavor 為世界各地的城市繪製了

許多創業生態系統的網絡圖。他們發現，網絡密集的社群（以成功擴大公司規模的創業者擔任活躍的領導者），比關鍵領導者不是創業者的社群發展得更好[3]。考夫曼基金會的一項研究發現，在堪薩斯城（Kansas City），創業者最想做的，是認識其他的創業者[4]。

在《新創社群》中，我提到打造新創社群時應該避免的情況：過度依賴政府來領導或提供資源。儘管有些政府主導的活動很成功，立意良善，但政府往往缺乏創業者最需要的資源、專業知識、心態、動用資源的迫切感。

新創社群想要依賴政府，這種心理是可以理解的。畢竟，新創社群算是一種公益，一種對每個人都有益又有價值的東西。在許多領域（諸如軍事、教育、醫療保健方面，甚至是許多創新領域），政府的一大目的就是提供公共財。然而，在新創社群中，政府只能扮演支持者，或發揮間接功能。最起碼，創業者不該指望政府來解決他們的問題。

行為者

行為者是由領導者、參與者、鼓動者所組成，是投入新創社

群的人與組織，身分是由他們扮演的角色來定義。個人通常同時扮演多個角色，並與多個組織合作。一個人在漫長的職涯中可能多次跨越那些分界。底下是對新創社群中的每個行為者的簡短描述，有些顯而易見，有些可能不太容易理解。

█ 創業者

一個蓬勃發展的新創社群需要夠多的創業者，其中包括經驗豐富的創業者（或稱連續創業者）、創業新手（沒有經驗的創業者）、有抱負、剛萌生創業念頭的人，或甚至暫時停止創業的人。此外，也包括社會創業者，他們是把可擴展的商業模式拿來解決社會問題。

創業者可以是土生土長的在地人，或來自目前居住的地區或國家，也可以來自他鄉。新創社群應該接納任何想要參與的創業者，無論他們的背景、種族、族裔、性別、來自何方或過往經驗。

█ 新創企業與成長企業

雖然「創業」的概念比創立及擴張新公司更廣義，但「創立」及「擴張」這兩種活動是新創社群中的兩大創業模式。創業

者是創立公司，以便創造出新產品、服務、技術、生產方法或行銷方法。

　　新創企業成立之初，是由創辦人、少數員工，或許還有一些導師或顧問所組成──他們一起開發新的或改良的產品或服務。一旦新創企業獲得顧客的青睞（通常稱為「產品／市場適配」），公司就進入新的階段，焦點變成擴大公司規模、擴大市占率，可能也會拓展到鄰近市場。

　　在每個階段，公司、創辦人、員工所面臨的需求與挑戰都不一樣。人事變動（通常發生在管理團隊或創始團隊之中）反映了不斷變化的需求。成功的新創企業發展為成長企業（scaleup），規模遠比新創企業還大，但仍是新創社群的關鍵要角。

▌新創企業的員工

　　創業者無法獨自打造出一家卓越的公司。在現代知識密集的經濟中，好創意與高智慧比機器與原物料更稀缺，也更有價值，所以技術嫻熟的員工特別重要。創業需要天賦，也需要技術、商業、管理、心理素質方面的專長。員工可以透過許多方法來培養這些技能，包括傳統教育、線上學習、職業或專業培訓，或者最重要的是，在其他新創企業或公司的在職訓練。

▌導師

導師通常是經驗豐富的創業者，或是在某個產業或學科擁有知識或專業的個人。導師應該是主動無私分享，採取「＃先付出」（#GiveFirst）的方法（這是我在《新創社群》的「先付出再求回報」單元中所提出的概念）。「＃先付出」意指你願意在不定義交易參數下，先把精力投入一段關係或一個系統中。然而，這不是利他主義，你依然期望獲得回報，但你不知道何時獲得，從誰那裡獲得，或以什麼形式獲得，有什麼考量或時間範圍。

導師的貢獻有價值時，創辦人應該以公司的股權來回饋導師。一旦事業成功了，導師關係會演變，可能從無償的角色變成有償的顧問、投資者、董事，或甚至員工。請注意**導師**與**顧問**之間的區別——大家常交替使用這兩個詞，但兩者其實截然不同。導師採用「＃先付出」的方法，這表示他們事先不求建立交易關係。相反的，正式的顧問需要先簽約談定酬勞。

價值觀 & 美德

先付出

《新創社群》提出的原始概念是「先付出再求回報」。二〇一

二年起，這個概念演變成「＃先付出」這個口號，這是 Techstars 的口號，也是我經商的根本理念[5]。這裡複習一下我在《新創社群》中所寫的部分[6]：

> 我深信不疑的一個成功祕訣，是先付出再求回報。因此，我總是樂於助人，不先思考這對我有什麼好處。如果隨著時間經過，這種關係始終是單向付出（例如我付出了，但什麼也沒得到），我通常會減少付出，因為這種概念不是出於無私奉獻。不過，我發現，在沒有明確的結果下先投入時間與精力，未來的回報往往超出預期。

> 我們有一群人致力把這種「先付出再求回報」的理念融入博德市的新創社群。在博德市，你很少聽到「這對我有什麼好處？」之類的話，比較常聽到「我能幫什麼忙？」。這裡大家常相互介紹朋友，邀請大家自由參與。我走訪全美各地時，常聽到有人說，博德市的人多好相處，說這裡是「善有善報」的寶地，由此可見「先付出再求回報」是真的有效。卓越導師的一大特質是，他願意把時間與精力投入在後輩身上，但沒有明確想要得到什麼。科恩常提到這點，並以身作則，不僅對 Techstars 投資的新創企業如此，也對許多他沒有投資的公司如此。Techstars 有一些專門的活動，例如，任何向 Techstars 提出申請的人，都可以參加「Techstars 一日體驗」（Techstars for a Day），以了解導師制是怎麼運作

的。如果你問 Techstars 的導師，他們為什麼要參與，他們大多會給出類似下面的答案：「我年輕創業時，有人幫過我，我只是想要回饋。」

有些情況下，「先付出再求回報」會失靈。例如，有人屢屢獲得幫助，但從來不付出，大家很快就會覺得幫他很煩悶無趣。在推廣「先付出再求回報」的新創社群中，那些老是不勞而獲、坐享其成的人，風評會變得很糟，新創社群會把他們拒於門外，就像宿主排斥寄生蟲那樣。所以，你要確保你的付出至少對得起你獲得的好處。

隨著「先付出再求回報」的概念演變成「＃先付出」，這個定義也變得更嚴格了。「＃先付出」是指你願意在不界定交易參數下，把精力投入一段關係或一個系統中。然而，這不是一種利他主義，因為你還是期望獲得回報，但你不知道何時得到，從誰那裡得到，或以什麼形式得到，有什麼考量或時間範圍。

這個道理很容易理解，但與商業關係、人脈等主流思想背道而馳。這也是新創社群運作的基礎。我的朋友法學教授布萊德・本薩爾（Brad Bernthal）甚至在正式的學術期刊上，以「概化交換」（generalized exchange）這個法律術語發表過相關的文章[7]。

如果你能讓新創社群的所有行為者都奉守「＃先付出」的理念，新創社群會湧入大量的能量。這種能量可以啟動很多事情，大家不會先要求把交易關係界定好再行動。突然間，很多

事情發生了，新創社群中開始出現立竿見影的效果。然而，這些好處是不可預測的，你無法預測第二波的影響。當我們把複雜系統的概念與新創社群連在一起時，「＃先付出」的重要性馬上浮現了。我們發現這是因應複雜系統的強大方法，對經商及生活的各方面都有長遠的影響。

「＃先付出」不是只適用於新創社群的理念（複雜系統也不是）。作為一種理念，這是讓創業者考慮回饋在地社群及新創社群以外地區的簡單方法。

如果你也深信「＃先付出」這個理念，你很快就會對新創社群的健全發展產生正面的影響。如果新創社群中的每個人都抱持這個理念，奇跡就會出現。

教練

在很多領域，教練是一個很容易理解的角色，但直到最近，教練才在創業領域流行起來[8]。教練可以幫助創業者、執行長或領導團隊。具體的指導方法有很多種，但我們最喜歡的是 Reboot 教練公司所推廣的一種架構，它主要是以實務技巧、徹底的自我探究、分享經驗，來強化領導力與韌性[9]。卓越的教練在協助你做徹底的自我探究時，也指導實務技巧。這是指幫學員看清問題

所在，靠自己解決問題，並鼓勵他採取行動。教練也會建立一個社群，幫學員從其他學員分享的經驗中學習，從而強化其領導力與個人韌性。教練與導師及顧問都不同：導師是讓你從他的經驗學習，顧問是讓你從他的專業知識學習，教練則是覺得問題的解決方法來自學員的內心。教練指導也與治療不同，因為重點不是療癒過去（我怎麼會變成現在這樣？），而是前進（我想去哪裡？）。

投資者

新創企業通常需要資金才能營運、開發產品、擴大營運規模。資金的形式可以是股權、舉債、補助或前述形式的組合。新創企業的資金來源可能包括創投基金、銀行、天使投資人、基金會、公開市場、親友、企業、眾籌（股權或網路 P2P 借貸），或政府（補貼、補助、基金中基金、直接投資、開發基金）。加速器、孵化器、工作室、新興的「人才投資者（talent investors）」（例如 Entrepreneur First、Antler 公司）除了幫忙尋找創業夥伴以外，也提供資金。

服務提供者

像多數企業一樣，新創企業也依賴多種服務提供者，例如律

師、會計師、投資銀行家、技術專家、電算服務、房地產租賃公司、共用工作空間等等。在健全的新創社群中，服務提供者對新創企業的獨特性質有敏銳的了解。他們可以配合調整，例如，接受新創企業以股權來交換他們的服務或類似的安排，以反映高成長潛力企業的限制及無形資產。

創業顧問（startup advisors）是一種特殊類型的服務提供者。他們是一個或多個領域（技術、產業、創投、創業）的專家，短期內（半年到一年）為剛創立的企業提供建議，以換取該企業的股份。這樣一來，他們既是服務提供者，也是投資者。或者，誠如矽谷投資者傑生·卡拉卡尼斯（Jason Calacanis）所說的，他們是「乾股天使投資者」[10]。

█ 創業支援組織

有多種盈利及非盈利的組織透過指導、諮詢、教育、服務、網絡、人脈、辦公空間、甚至資金來支持新創企業，其中有些組織也會參與打造新創社群。這些組織包括創業加速器、孵化器、工作室、共用工作空間、創新中心、駭客空間、創客空間、專業職訓班，以及多種產業公會、協會、創業組織、聯誼組織、活動組織、促進組織與協會。我們特地把它們與傳統的服務提供者區

分開來，是因為它們把核心放在新創企業上，而且利潤往往不是它們唯一的動機，甚至不是主要的動機。

▍ 大學

　　大學是創造及傳播知識、技術、科學的地方。它們可為在地的新創社群帶來許多外溢效應，包括吸引全球人才（學者、研究人員、管理人員、學生）。這可以帶來受過良好教育的勞力，穩定的地方經濟，以及把技術創新加以商業化的創業機會。除了發展技術以外，大學也透過教育、培訓、資助、其他的技能養成活動來促進創業。

　　許多大學是地方的支柱，也是當地重要的雇主。他們也是顧客收入、合作夥伴、召集人的潛在來源。大學裡有很多人可以參與新創社群，包括學生、教授、研究人員、技轉專業人士、創業課程的管理者。

▍ 大公司

　　大公司在新創社群中扮演重要的角色，但往往遭到低估。大公司可以把公司內的事業拆分成新創企業，或者他們的員工可能離職去開發互補或競爭的產品或服務──重點是，大公司為那些

新創企業提供多年的商業、產業、技藝方面的訓練與經驗。大公司與大學一樣，可以吸引大量人才前來，也可以透過研發、在職訓練與經驗、衍生事業及合夥關係來吸引知識的創造者、教育者、傳播者。或許最重要的是，大公司可以成為新創企業的客戶、供應商、合作者、投資者，左右新創企業的生死成敗。

▋ 媒體

傳統的新聞媒體，以及比較專業的商業、產業、創業相關媒體，為國家、地區、地方、國際新創社群提供資訊。如今許多這類組織主要是在線上，他們透過書面報導、播客、影片來報導新創社群正在發生的事情。專職部落客，或是同時扮演其他角色也寫部落格的行為者（例如創業者、投資者），可能都是新創社群中影響力最大的人。健全的新創社群裡大多有一定程度的非正式媒體。這種非正式媒體的常見形式是，由深具影響力的行為者寫部落格。

▋ 研究與宣導團體

智庫、政策組織、商業團體，以及許多研究、宣導、會員團體，都可以透過彙整及傳播資訊、推廣公共政策，以及在多元情

境中為新創企業提供額外支援來提供幫助。最好的組織會教導政策制定者及大眾，了解創業在經濟與社會中扮演的角色，例如華盛頓特區的美國創業中心（Center for American Entrepreneurship）或舊金山的引擎組織（Engine）在這方面都做得很好。

▌ 地區與地方政府

地區與地方政府在新創社群中扮演重要的角色。監管與稅收政策可能會產生重大的影響，培養高學歷人才也是如此。地區和地方的決策者比較可能積極地參與協調及資助創業活動，包括資助孵化器、促進人脈交流與學習、支持基層行動，以及鼓勵新創企業與公司的創辦人。

地方官員也可以藉由資產盤點配置，或是把新創企業及創業者納入地區的經濟發展計劃中，來影響新創社群。地方官員與新創社群有深厚的關連時，可以直接強化或限制那些因素，使他們成為召集人、連結者、主要推動者。

別再偏袒老字號業者

很久以來，偏袒老字號業者、而非新進業者，一直是經濟政策的一大特徵。從經濟地理學來看，這是指「追求大企業進駐」，亦即提供稅收減免與補貼以吸引大公司搬到新城市。這是一種零和策略，亞馬遜的「第二總部」選址競賽所掀起的熱潮，以及把台灣電子製造商富士康引入威斯康辛州的交易都是典型的例子 [11]。

這兩起事件都涉及政府提供巨額補貼，讓外來的公司進入一個地區，結果引發大眾強烈反彈，最終導致計劃失敗。在亞馬遜的例子中，亞馬遜最後決定把第二總部設在紐約市與華盛頓特區，但後來因為在地民眾強烈抗議而放棄了紐約市。至於富士康的例子，沒有人知道會發生什麼，但富士康似乎大幅縮減了當地投資 [12]。相反的，蘋果公司默默地選擇德州奧斯丁作為第二總部所在地，因此避免了類似的公關災難 [13]。

撇開為特定的公司制訂的高調計劃不談，城市與州的經濟發展活動通常比較偏袒老字號業者，尤其是想遷移總部或在新地方建設大型營運中心的大企業。這類作法傷害了新創企業，它們在資源、吸引客戶、金融資本方面已經處於劣勢。城市應該想辦法為創業者降低進入障礙，減少監管壁壘，也減少老字號企業相對於高成長新創企業的優勢 [14]。

▌ 國家政府

各國政府可以促進創業發展，主要是透過制定政策來定調。這些政策有助於創造一個穩定又有競爭力的商業環境[15]。它們為新興科技及科學發展提供資金，並提供活動、資源，以及技術嫻熟的勞力。

國家制定的政治與總經政策，例如安全、法治（財產權、合約執行、破產法）、移民、勞工權利、科學、創新、技術、市場、基礎設施、稅務（包括補貼與誘因）、監管、教育、通貨膨脹、財政穩定等等，可以變成助力、也可能變成阻力。許多政策有意想不到的後果。

除了這些影響廣泛的公共政策以外，各國政府也可以直接參與活動以鼓勵創業與創新，以此作為更廣泛成長目標的一部分。這些活動包括為中小學教育及基礎研發提供資金，或配置資金以刺激高科技新創企業的創立。

國家政府也可以像面對大公司和大學那樣，以客戶、供應商、合作者、甚至投資者的身分來接觸新創企業。

為遭到看扁的創業者打造不同的新創社群

俄蘭‧漢密爾頓（Arlan Hamilton）

加州洛杉磯

後台資本的創辦人兼管理合夥人

二〇一五年我創立後台資本（Backstage Capital），專門投資那些遭到看扁的創業者。以我們的例子來說，那是指女性、有色族裔、同性戀雙性戀跨性別族群（LGBT）等等。當我了解及體會到在矽谷與許多市場中，非異性戀、非白人男性所獲得的資金，與異性戀白人男性相差懸殊時，我想為他們做點什麼。當然，我的意思不是說，所有的異性戀白人男性都順利獲得了資助。但是，當你比較異性戀男性與女性、有色族裔、LGBT、其他小眾所獲得的資金時，那差異非常驚人。

創立後台資本以來，我見過數千家公司，如此衍生出來的社群也很棒。後台資本就像一個大家庭，這是一種友情，一種忠誠，我們相互支持，肯定自己。這也是一種兄弟情誼，一種姊妹情誼，一種家庭情誼，是由一群多元的創業者組成的。

我們是怎麼辦到的？我們凡事都以創業者為重。後台資本有兩個主要的產品：資本與平台。這是指我們以資源、人脈、

工具來資助創業者。我們的客戶都是遭到看扁的小眾創業者。

打從第一天開始，我就仔細聆聽他們的想法。

我是親眼看到資金的需求，才創立後台資本。不要為了投資而創立社群，不要因為這好像看起來很迷人而創立社群，不要因為這好像可以讓人有求於你而創立社群，這點真的很重要。那些都不是打造社群的好理由。你的動機應該是來自熱情與濃厚的興趣。熱情的效果還是有限，因為創立社群就像發起一場運動。熱情可以幫你執行，但意念需要深思熟慮。意念是方向盤，熱情是油門。所以了解你自己很重要，了解你為什麼要做，了解你的初衷，為什麼要做這件事，為什麼是現在做。

最重要的是堅持信念，相信自己，堅定決心，以達到設定的目標。我沒有把目標稱為終點線，因為這沒有真正的終點。當你做的事情是創造變革時，事情永遠沒有完成的一天。

我們做的另一件事是提供價值，但不期望立即獲得投資報酬。這種「＃先付出」的心態是費爾德多年來一直推廣的。我可以憑親身經歷告訴大家，費爾德是真的言行如一，說到做到，因為二〇一二年我寫了一封非常非常外行的電郵給他。那封信又臭又長，囉哩叭唆，講得天花亂墜。但他仔細看了，並回信給我，建立連結，提供解答。他認真看待我了。

在我的人生軌跡中，費爾德做的最重要一件事，就是打從一開

始就認真看待我，這甚至比他後來投資我的基金還要重要。我那封信寫得不夠精簡扼要，但充滿了堅定意念。當然，我有熱情，整封信都洋溢著熱情，但真正讓我踏上正軌及發展至今的是那意念。最後，切記，任何成果都有賴眾人的努力。你不可能獨自做出改變人生、顛覆產業或扭轉乾坤的事情。這世上沒有人能做到那樣，沒有真正的「白手起家」。我不是白手起家。經常有人說我是「白手起家」，但那樣講並不精確，一路上我獲得很多貴人的幫忙。每個創業者與新創社群都是如此。

第四章

成功的因素

新創社群是由信任網絡組成的，不是由階層組成的。 新
創社群是透過人際關係來運作，社群中的相互信任與規
範讓創意、人才、資本、技術可以順暢地交流。階層以
及由上而下的方法會破壞那種動力，並消耗新創社群蓬
勃發展所需的能量。

　　討論了參與新創社群的人與組織之後，現在來談城市中加速
或限制創業者成功能力的資源與條件。我們稱之為「因素」，並
把它們分成「七資本」（Seven Capitals）。

　　整體而言，這些因素跟行為者一樣重要，但它們之間的互動
才是重點。不過，參與新創社群時，了解這些因素也很實用。

七資本

　　談完新創社群裡的「人」（who）之後，接著我們來討論「物」（what），探討影響一個地方創業風氣的關鍵資源與特定條件。

　　我們從「七資本」這個架構開始談起。這是新創社群的核心資產，它們是用來創造經濟價值的。就像傳統定義的「資本」一樣，它們可能耗盡，需要投入時間、精力或金錢來回補。它們本質上是向前看的。過去的投資，產生當前的效益。為了獲得未來的效益，今天需要再進一步投資。

　　新創社群裡，常聽到一句話：「我們沒有足夠的資本。」這通常是指缺乏資金，更具體地說，是指來自天使投資人及創投業者的資金。不幸的是，這是一種劃地自限的狹隘觀點，因為資金以外，還有其他的資產也會影響新創社群。在蓬勃的新創社群中，即使資金稀缺，其他種類的資本依然很多。

　　把這些因素分成不同類型的資本是一個實用的架構，因為它以更宏大的視角來看待新創社群的關鍵資源。它也提到這些資本的特質是有價值、可分解、前瞻性的。最後，它也推翻了新創社群中那句大家已經聽到厭煩的抱怨。

1. **智力資本**：創意、資訊、科技、故事、教育活動。

2. **人力資本**：人才、知識、技能、經驗、多元化。

3. **財務資本**：營收、舉債、股權、補助金。

4. **網絡資本**：人脈連結、關係、凝聚力。

5. **文化資本**：態度、心態、行為、歷史、包容、熱愛本土。

6. **實體資本**：密集、地方的素質、流動性、基礎設施。

7. **制度資本**：法律系統、正常運轉的公共部門、市場、穩定性。

前三種資本（智力資本、人力資本、財務資本）是打造新創社群的必要資源。它們呼應了新創社群中最常提到的三種關鍵資源：創意、人才、資金。其他幾種資本（例如網絡資本、文化資本）是在背景運作，它們難以察覺，但為新創社群的正常運作提供重要的基礎。

例如，網絡資本把新創社群中的所有人事物串連起來，創業者利用網絡資本來尋找及獲取額外的資源，例如人才、融資、資訊。文化資本決定了整合的性質、城市的生活方式與商業氣候，以及一個地方的歷史傳承。實體資本透過鄰近性來促進資源交流，並透過實體與自然上的便利，為居民提供必要的基礎設施與

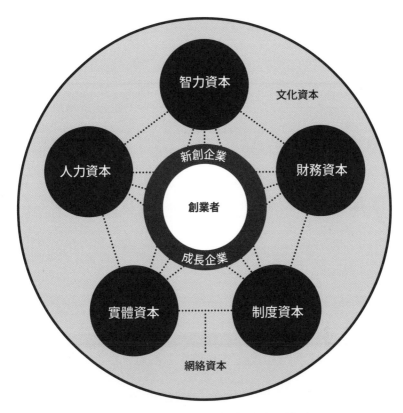

新創社群與創業生態系統的七資本

生活品質。制度資本確保創業者營運的整體環境是穩定且正常運
作的。

　　七資本中，有許多資本相互重疊，它們也透過組成分子相互
連結。我們把這些資源與條件稱為因素。這些因素就像新創社群

周邊的一切構想一樣，是以創業者為核心。

因素

因素除了是新創社群使用的資源以外，也構成創業者的經營環境，並塑造新創社群所在地的特質。就像行為者一樣，有些因素是獨特的，有些是微妙的。底下是每個關鍵因素的簡要說明。

▍創意與技能

如果沒有好的創意點子、技術、一群適合參與新創社群的人（包括人才與導師），創業者也只能哀嘆巧婦難為無米之炊。在當今這個資訊經濟與知識經濟的時代，創意、技能、人才是創造價值的核心。

創意與技能的開發來自許多地方，大學、公司、研究實驗室（公營與私營的）是最明顯的例子。最終而言，中小學教育確保了我們的社會可以提供源源不絕的創新人才。建立讓新人輕易進入及參與活動的捷徑很重要。許多人在職涯中會在社群裡進進出出，所以有些要素是社群中必備的，例如一個充滿活力的大學系統（培育人才），一個友好熱情的城市（留住人才），一個包容

的移民政策（吸引人才）。

　　創業知識超越了產業或技術，最好是透過經驗取得。雖然創業知識是可以鑽研及學習的，但是從成功的創業前輩傳承下來，效果最好。你可以到一家新創企業就業，或是和許多創業者及新創企業合作。

▋ 文化規範

　　在新創社群中，地方理念與規範扮演很重要的角色。一個地方的歷史與性質，對這些文化規範的發展有很大的影響。活躍的新創社群會引起大家對創業的關注。創辦人是大家眼中的榜樣、領導者，甚至是在地人眼中的英雄。許多人（從學生到員工，甚至是孩子）把創業視為一種未來志向。

　　新創社群的基本文化規範包括：對創業者與創業精神的普遍支持，對風險與報酬的了解，對失敗與模糊的包容，對新奇多元的人事物與創意的接納。創意、實驗、抱負、財富創造、創業育成、創業者的社會地位都受到重視。社交互動是誠實、開放、協作、包容的。創業者在充滿支持的環境中持續交流，也與其他的利害關係人互動。媒體與意見領袖強調及宣傳新創企業在社群中扮演的角色。

▍連結

新創社群的一大特質是人際連結。這種網絡資本——一個地理區內各種行為者與因素的連結——主要是在地的。但人脈也可以是非在地的,例如在當地成長但如今身在他鄉的人、從當地的大學畢業但到他處就業的人、在當地開分公司的跨國公司、創業者在他處的專業人脈。

有些組織的存在就是為了促進這種連結,例如職業公會、創業社團、聯誼聚會、創新中心。經驗豐富的創業者與董事同時與多家新創企業打交道,也積極參與管理或交易等事務,他們可能都是超級連結者(superconnector)。在最好的新創社群中,許多參與者扮演連結者的角色。

創業是一種團隊活動,即使在創業初期也是如此,與外人保持連結很重要。據估計,九五%的創辦人在創業過程中都有其他人深入參與。一半的新創企業是由團隊創立。創辦人往往是從自己的核心人脈圈中尋找創業夥伴,以共組創業團隊[1]。人脈與資源連結較廣的創業者,比孤立的創業者更有可能成功。

▍密集

密集是指行為者在一個比較有限的地理區域裡群聚或共處一

地，以存在及進行互動。新創社群一旦有密集的行為者，創業者更有機會建立有意義的連結，培養重要的關係，巧遇彼此，培養信任，增加連結。

雖然新創社群可以涵蓋整個城市，但時間一久會發展出集中的新創鄰里，尤其是波士頓、紐約、倫敦、舊金山等大城市。這些城市中有好幾個知名的新創企業聚集區。這些新創鄰里也應該像城市中的新創社群那樣彼此相連，在一個州或國家內建立一個更大型的新創社群。

▋ 多元化

新創社群需要具備各種才能、經驗、觀點、性別認同、種族、其他特徵的人力。複雜的問題——例如資訊時代的創新和創業——最好是透過多元性及團隊來解決。

擁有蓬勃新創社群的城市也有以下的特質：多元化的經濟；由多種創意與創新產業構成健康的組合；熱情歡迎外來者加入；普遍接納不同的觀點、背景與身分；包容的文化。

▋ 流動性

居民、人才、企業在社群裡穩定地流動，有助於提升一個地

區的活力[2]。來自其他城市、地區或國家的外地人，帶來了不同的觀點與經歷。勞力市場允許勞力在工作崗位之間自由地流動時，可確保員工更適才適所。在充滿活力的市場上，隨時都有許多公司誕生、失敗、成長、收縮。這確保了資源可以重新配置到更好的用途上，鼓勵創業。

流動的新創社群有以下的優點：建立更廣的連結，擴大人脈，更有機會培養重要的關係。相反的，當城市的人口與勞力市場停滯不前，老是由同一群老字號的企業霸佔市場時，比較不太可能發展出強大的新創社群。

▌ 市場

接觸客戶——尤其是那些願意及早參與或使用概念驗證產品（proof-of-concept product）的人——對草創階段的公司來說，在累積買氣、開發產品、奠定穩定的財務基礎方面都很重要。最初的客戶與供應商可以在產品開發和「產品／市場適配性」方面提供專業知識，培養新的合作關係，未來協助口碑宣傳或作為可靠的參考，也幫忙提供意見與配銷。在地組織（包括政府、大學、大公司等機構）可以在這方面發揮很大的效果。

▌財務

　　財務資本（亦即資金）有多種形式，從營業收入到傳統的創投資金，五花八門。早期，最常見的資金是來自個人儲蓄或親友。其他的股權及舉債形式包括天使投資者、種子基金、創投基金。商業貸款或創投債務（注：venture debt，創投債務是新創企業獲得資金的一種方式，常用來補充股權融資的不足，可由銀行或非銀行的貸款機構提供，主要優點是防止現有投資者的股權進一步稀釋。放款給新創企業的風險較高，因此創投債務的放款者往往會把放款與權證〔warrant〕或購買股權的權利結合起來，作為一種彌補或者風險報酬）是來自專業投資者與銀行。貸款與補助金可能是來自政府或慈善機構。較新的募資類型包括眾籌、P2P借貸（注：peer lending，又稱網路借貸或社交借貸，是指個體和個體之間透過網路平台直接借貸。個體包含自然人、法人及其他組織）、收入回報型融資（注：revenue-based financing，從營收抽成作為投資報酬。投資者定期獲得企業收入的一定比例，直到支付了某個預定金額。這個預定金額通常是原始投資額的三到五倍）。

▍基礎設施

　　新創企業若要蓬勃發展，需要足夠的基礎設施，包括可靠又平價的電信與上網服務、運輸與物流，以及水電瓦斯等公用事業。此外，充足的商業地產、住房、安全設施等其他的基礎設施也很需要。

　　雖然這些因素在比較發達的國家或都市地區通常不是問題，但我們從世界各地的創業者聽到一些鼓舞人心的故事。他們創業的地方缺乏許多上述的資源，但他們設法找到了克服那些限制及打造新公司的方法。

案例分享

為非洲填補基礎設施的缺口

阿金屯德・歐耶波德（Akintunde Oyebode）
奈及利亞的拉哥斯
拉哥斯州就業信託基金（LSETF）的執行祕書兼執行長

在奈及利亞的拉哥斯，關鍵基礎設施付之闕如，政府稅收持續萎縮，這表示政府在投資或刺激私人投資方面面臨漫長的挑戰。欠缺資金，就難以提振基礎設施及促進經濟成長。

此外，當地也有大規模的失業問題。國家統計局的資料顯示，奈及利亞的勞動人口中有三二・七％失業或未充分就業。拉哥斯以外地區的經濟活動有限，導致每年約有一百萬人從奈及利亞的其他州遷徙到拉哥斯，造成地方局勢進一步惡化。

為了因應這個挑戰，拉哥斯的州長設立一個就業信託基金，目的是為企業以及想要創業或習得就業技能的拉哥斯年輕人提供財務支持。這個機構管理一個基金，以彙整州政府、私人機構、國際捐助機構的資源，來幫助拉哥斯州創造就業機會。

LSETF 的成立是為了解決企業與拉哥斯年輕人所面臨的短期與長期挑戰，同時州政府也利用其他的方法來克服更大的基礎設施挑戰。可靠的能源、高速上網、辦公空間在奈及利亞都很昂貴，也難以取得，即便是拉哥斯亦然†。透過拉哥斯的創新專案，新創企業的創辦人以及共用工作空間與創新中心的經營者，有資格獲得政府資助的辦公場所補助券、貸款、活動贊助。

這些行動為當地最有前景的企業提供了必要的支持，也立即因應了國家面臨的主要社經問題：失業率居高不下。

---

† 拉哥斯為奈及利亞的經濟及金融中心。

▌ 正式制度

持久的創業活動需要友善的經商環境、合理的法律與監管架構、普遍的政治與總經穩定感。經濟成長強勁、創新多、就業率高、收入豐厚、商業環境有利於創業及進入市場的國家與地區，通常有利於高成長新創企業的發展。政治不穩、腐敗、反民主的規範，以及其他無助於塑造安全開放社會的作法，則不利於新創社群的發展。

儘管上述阻力強大，但過去幾年最令人振奮的一大發展是新創社群的興起。從加薩到埃及、再到北韓，創業者都在思索如何打造新創社群。網際網路、新創社群的創意傳播，以及創業者克服重大障礙的勵志故事，都發揮了很大的影響力。

▌ 地方的素質

年輕人以及職涯中期的人通常不會固守一地。他們挑選居住地點時，不只考慮工作機會，也會考慮生活品質或人脈圈。一旦他們創立公司，他們通常會留在當地。創業者或未來的創業者有好幾個居住地點可選時，他們可能以地方的素質來決定最終的歸宿。

整體環境也是影響地方素質的重要因素。政治與總體經濟的

穩定感以及友善的經商環境，即使對長久的創業活動沒有多大的幫助，也是基本要件。有些蓬勃發展的新創社群算是例外，但總體來說，經濟成長強勁、創新多、就業機會多、收入多的地區，比較容易受到創業者的青睞。政治不穩、腐敗、不民主，以及其他不利於建立安全開放社會的作法，都不利於新創社群的發展。

▌ 事件與活動

催化事件是以有意義的形式，為創業者及有興趣接觸在地創業者的人，創造連結及培養關係的機會[3]。這些活動必須比一年一度的創業頒獎活動或社交雞尾酒會更有意義。可發揮重要功能的例子包括創業週末（Startup Weekend）、百萬杯（1 Million Cups）、黑客松（Hackathon）、創業大會（有享譽全球或全國的知名企業家擔任主題演講者）。

▌ 說故事

俗話說：「成功會帶來成功。」這句話在新創社群中是一大加速動力。說故事不單只是做行銷與公關而已，創業者同時也是站在高處對著新創社群大聲宣揚。這樣做不見得會成功，因為在新創社群的持續發展中，失敗居多。事實上，從失敗中學習往往比

從成功學到的更多。你需要主動面對那種不適感。說故事不只是一種歡呼或打氣，你應該把焦點放在從新創社群學習上。

案例分享

故事在新創社群中的價值

鮑比・伯奇（Bobby Burch）
科羅拉多州的柯林斯堡
創土新聞的共同創辦人

我們如何連結及發展堪薩斯城的新創社群？

二〇一五年《創土新聞》（*Startland News*）就是在那個挑戰下誕生的，這是一個非營利的數位出版品，專門關注堪薩斯城的創業生態系統。

我與共同創辦人亞當・阿雷東多（Adam Arredondo）看到一個由傑出的創業者、創客、創意人士、支持者所組成的鬆散社群，他們缺乏社群意識。我們知道，堪薩斯城在缺乏更團結的生態系統下，無論是透過地理、還是社會經濟學的因素，都無法讓鬆散的新創社群充分發揮潛力。

因此，我們是透過故事的力量來找尋問題的答案。

透過故事的力量，我們把新創社群的成員連結起來，為支持者提供資訊，激勵新成員加入，讓參與者更為投入。透過說故事，我們的目標是創造及培養一個由充滿創意又有合作精神的人所組成的網絡，並利用他們的決心與好奇心把他們串連起來。

但我們不是把焦點放在新創企業的商業計劃、技術、成長資源上，而是刻意從不同的使命出發。有許多組織為創業者的成長提供支持，所以我們把焦點放在精進說故事的技巧上，報導社群的人性以及凝聚社群的因素。

我們開始講述大家為生態系統所做的貢獻，突顯出他們的抱負、恐懼、見解、成敗。藉由挖掘及分享這些普遍的經驗，我們成為數位連結者，同時也把創意、冒險、合作變成稀鬆平常的事。我們希望讀者在我們報導的創業者身上看到一點自己的身影，希望他們不僅培養追求夢想的信心，也融入堪薩斯城的新創社群。

如今報導了兩千五百多個堪薩斯城的故事後，多虧主要投資者邁克（Mike）與貝基·雷恩（Becky Wren），以及考夫曼基金會等主要支持者對我們的信心，我們的使命得以延續。

我們相信，創業者、教師、內部創業者（intrapreneur）、投資者、政策制定者、學生、好奇的公民都可以從彼此身上學到很多。幸好，他們一再證明我們的信念是對的。

在《創土新聞》推出後的那幾年，我們看到數十個報導對個人、企業、社群發揮了影響力，底下是其中幾個例子。

▎創造連結機會

在《創土新聞》成為在地新創社群的新聞首選之後，我們開始有能力為這群讀者提供資源。目前為止，我們的創業求才板就是一大熱門資源。

我們設立這個求才板是為了幫新創企業挹注新的人才，也吸引更多人加入本地的新創社群。它對那些專門協助新創企業的組織也有幫助，例如導師網絡、投資公司、加速器與孵化器，因為他們可以上求才板發布職缺，探索新興公司，了解哪些領域的新創企業正在成長。

目前為止，我們的求才板上有三百六十幾個堪薩斯城的新創企業職位。追蹤這些職缺填置的情形很難，但多虧了《創土新聞》的求才板，我們已經確認有十六個職缺已經找到人了。我們預計未來求才板上會增加五百個以上的職缺。

▎肯定新創企業

《創土新聞》常讓新創企業初嘗成名的滋味。我們的報導幫新創企業透過各種途徑成長。堪薩斯城一家要求匿名的公司就是一例，這裡姑且稱它為 GoTracktor。

每年，《創土新聞》都會推出多份榜單，目的是肯定在地企業

的成功或卓越前景。在其中一份榜單中，我們特別介紹了 GoTracktor，因為它有卓越的領導者，拉進一家新客戶，而且技術獨特。

那份榜單在全美廣為流傳，為《創土新聞》的網站吸引了五千多位訪客，他們都亟欲了解這家位於堪薩斯城的新創企業。報導產生如此熱絡的迴響令我們開心，聽到報導對 GoTracktor 的影響更是令我們興奮。

該企業的聯合創辦人告訴我們，我們的報導後來傳到一位矽谷創投業者的螢幕上。那位投資者因此決定投資 GoTracktor，幫他們順利完成了種子融資。隨著這家企業的擴張，那位投資者也獲得了寶貴的人脈。

▌ 媒體搶著報導新創企業

新聞媒體常面臨如何以創意手法來報導商業故事的問題。

這也是為什麼多年來每次我看到《創土新聞》的報導幫堪薩斯城的電視台及廣播電台、平面媒體與數位媒體在本地發現有趣的題材時，我總是非常興奮。

傳統的電視、廣播、平面媒體報導了《創土新聞》挖掘的兩百多則故事。

那是因為《創土新聞》變成那些老字號媒體的驗證者。我們幫忙證明了創業者、新創企業或他們的計劃是合法的，而且他們有精

彩的故事可以跟大家分享。我們也幫採訪調派編輯（assignmen teditor）或製作人更容易判斷，那是不是值得製作的新聞。

更多媒體競相報導堪薩斯城的創業風氣，對我們、創業者、媒體來說是三贏。

愈多媒體競相報導，對新創企業愈好。那可以增加他們的曝光率，進一步推動他們的事業。這對《創土新聞》也有利，因為這也增加了我們的曝光率，吸引更多的潛在讀者。這對堪薩斯城社群來說也是利多，因為有更多見多識廣又有興趣的市民想要投入社群。

說故事是很強大的力量！

我們很榮幸看到堪薩斯城對《創土新聞》的支持，以及《創土新聞》多年來發揮的影響力。有幸分享那些不可思議的故事，總是讓我相當驚喜。

積極以創業的故事來激勵個體及凝聚社群的城市很多，堪薩斯城只是其中一例。大部分的社群都可以善用這股力量，但這需要付出、信任、耐心。

新創企業可以推動社群向前發展，故事就是推進社群的動力。

第五章

新創社群 vs.
創業生態系統

**以創業者為重，先付出再求回報、熱愛本土都是新創社
群的基本價值觀。**社群參與者的價值觀，驅動著新創社
群的發展。想要成功，就要抱著「＃先付出」的心態，
以創業者為優先考量，熱愛你所在的地方。

雖然社群與生態系統是相關的，但兩者並不相同。為了加以
區別，我們分別稱之為「新創社群」（startup community）與「創
業生態系統」（entrepreneurship ecosystem）。

兩者都是由一個實體地點的行為者與因素所組成，它們的互
動方式會影響創業者，促成當地的創業。兩者都有強烈的地方特
質，對蓬勃的經濟非常重要。

然而，新創社群是一個城市的創業心臟，它位於創業生態系統的核心。新創社群有一個集體身分，共同的使命感，一套共同的價值觀，還有以創業者為重的堅定信念。

　　相較之下，創業生態系統是一種籠統的結構，它圍繞著新創社群，有賴新創社群才能存活下來。新創社群的參與者彼此緊密相連，相互呼應。儘管創業生態系統的參與者足智多謀、影響深遠，但他們面臨的激勵結構與組織限制往往與新創社群不一致。

　　培養及支持新創社群的領導者，對於不斷孕育更好的創業者與新創企業非常重要。隨著創業者的成功，創業生態系統中的行為者會更深入參與新創社群，形成一種良性循環，吸引更多的人、資源與支持。這很像「產品／市場適配」的創業概念，所以我們稱之為「**社群／生態系統適配**」。

　　短期內，尤其一地的創業活動還不成熟時，新創社群之道是實用的運作模式。然而，一旦飛輪效應開始啟動，創業生態系統中的行為者可以對新創社群與創業生態系統同時產生正面的影響。因此，我們建議在多數地方以新創社群為優先考量，因為新創社群運作得宜時，會帶動創業生態系統更有效地發展。

創業生態系統

　　創業生態系統的基礎可追溯到一九八〇年代初期，當時哥倫比亞大學的管理學教授約翰內斯·彭寧斯（Johannes Pennings）提到矽谷、波士頓、奧斯汀等地的環境因素對新創企業活動的影響。彭寧斯說明如何以創業者「圈子之外」的因素來解釋一個地區的創業活力[1]。後續十年，其他人又以「在地環境對創業很重要」這個概念為基礎，進一步地發揮[2]。

　　一九九〇年代初期，學者開始把事業的外部因素比喻成生態系統。於是，他們提出「商業生態系統」這個詞，並進一步琢磨這個概念，把它定義成：在資訊時代，一群相互依存的行為者參與開放又協作的創新競爭，他們所構成的複雜網絡就是商業生態系統[3]。後來，生態系統的概念被直接應用到創業上，過去十年巴布森學院（Babson college）的丹尼爾·艾森伯格（Daniel Isenberg）等學者把這個概念發揚光大[4]。二〇一二年，我把生態系統概念與新創社群的構想連結起來。從此以後，全球生態系統的行為者之間開始出現大量的活動、興趣和參與。

　　生態系統的比喻——意指生物與其實體環境之間的互動——在創業情境中很實用。就像生態系統一樣，創業系統會調適、緊

密相連，更重要的是，非常在地化。它是自己組成、自我管理、自給自足。

新創社群跟創業生態系統一樣，也是一種複雜系統，裡面許多行為者的互動影響了在地創業者的成敗。但是，新創社群與創業生態系統還是有所區別。

行為者不同

想想以下兩種「**社群**」（community）的定義。一個是來自生態學（生態系統領域），另一個比較不正式[5]。

1. **社群（亦即生態學中的「群落」）**：一群相互依賴的不同物種，在特定的棲息地中共同成長或生活。
2. **社群（我們熟悉的定義）**：因為與他人有共同的態度、興趣、目標而產生的一種友誼感；相似性或身分認同；共同的所有權或責任。

在生態學的術語中，社群（群落）是指生態系統中的所有生物。這些植物、動物、其他生物彼此互動，也與周遭環境互動，

因此形成一個生態系統。在創業學中，行為者與因素構成了生態系統。

　　非正式的定義明顯不同。套用在新創企業時，這個定義會先點出一群致力幫創業者成功的行為者。所以，新創社群比生態系統更深入，參與者之間的連結與關係更深厚。與此同時，由於生態系統中比較少人參與新創社群，所以新創社群比較狹小。

　　當我們結合生態學的定義與我們熟悉的定義時，最適合定義「新創社群」。那恰好掌握了行為者的方向及互動目的：

　　新創社群是一群人透過互動、態度、興趣、目標、使命感、共同身分、夥伴關係、集體責任、地方管理，從根本上致力幫助創業者成功。

價值觀 & 美德
以創業者為重

創業者必須是每個新創社群的核心焦點。所有的參與者都應該優先考量創業者的需求，甚至把他們的需求看得比自己的目的還重要。畢竟，沒有創業者，就沒有新創社群！雖然這聽起來像不言而喻的道理，但在創業生態系統中，這卻是最

常違反的原則之一。

創業生態系統的任何參與者（包括政府、企業、大學或服務提供者），在採取任何行動之前，都應該先問一個簡單的問題：「這樣做對創業者有助益嗎？」如果你不知道答案，可以直接問創業者。如果你覺得有助益，還是先問一下創業者，因為你可能是錯的[6]。

不這樣做的典型例子是，在不徵求創業者的意見下，逕自啟動想要促進創業風氣的專案，甚至是很大的專案。更糟糕的是，有些人還會利用他本身與一家脆弱的新創企業之間的權力不對稱來推動專案。雖然我們知道每個人都有自己的事業需要經營，都有各自的目標需要追求，但這種為了短期優勢而做的剝削，長遠來看，對創業是有害的。

以恰當的心態來接觸創業者很簡單，只要參與新創社群，仔細聆聽創業者的想法就行了。了解他們面臨什麼麻煩，搞清楚你能幫什麼忙，幫忙穿針引線找人來幫忙。你不需要創造奇蹟，只要聆聽及幫助就行了。此外，讓創業者參與所有影響他們的決策流程，因為創業者通常最清楚其他創業者及新創社群需要什麼。

萊斯的精實創業法很適合套用在這裡。把創業者當成你的客戶，用心滿足他們的需求。走出去，與他們交談，快速建立假設。實驗、收集意見、衡量、調整。然後，再重複一遍。最終你會了解哪些作法有助益，哪些無益。

目的不同，但相輔相成

　　所有的系統都有三大組成：要素、連結、目的[7]。雖然生態系統可能有多種變型，但創業生態系統的最終目的是孕育新創企業、創造就業機會、創造經濟價值。新創社群的目的則不同，它只是想幫創業者成功。

　　雖然兩者的目的相輔相成，但它們並不相同。其中一個差異是接觸創業者時的心態。在生態系統中，主要是參與經濟，比較少受到社會規範的影響。在新創社群中，參與者對影響共同利益的因素反應較大。

　　新創社群是由創業者、新創企業的員工，以及加速器或孵化器等組織組成的，他們每天與新創企業合作或在其內部工作，他們的存在就是為了幫助新創企業成立或支持創業者。然而，新創社群不僅於此。即使你的組織不是為了協助創業者而成立，你還是可以參與新創社群，即便你的組織並未參與。大公司（尤其是領導大公司的高管）知道自己只要以恰當的方式與新創企業接觸，就可以成為新創企業的客戶或合作夥伴，他們也可以發揮很大的影響力。

　　一個組織的核心使命離「幫助創業者成功」愈遠，它就愈難

以有意義的方式參與新創社群。對創業生態系統很重要的實體（例如大學、政府、大公司等），有動機與組織結構來協助創業者，但他們先天抱持不同的目的。所以，他們有更宏大的理念與組成分子，遠遠不只於「幫助創業者成功」而已。

系統中的系統

生態系統中的行為者與因素很多，想要全面了解它們可能是一大挑戰。很多行為者與因素並未直接接觸新創企業，而是間接影響、甚至在不知情下影響他們。另一些行為者與因素是透過經濟動機來積極參與，但可能沒有參與打造新創社群，或沒有以創業者為重 [8]。還有一些行為者與因素的存在就是為了直接與創業者合作，那可能是其正式角色的核心功能，又或者他們是把打造社群融入其工作中。

雖然有些行為者與因素是直接幫助新創企業，或甚至專門幫助新創企業，但很多行為者與因素不是如此。讓這些實體朝著「幫創業者成功」這個共同目標努力是一大挑戰。由此可見新創社群（由下而上的現象）和創業生態系統（通常是由上而下運作的系統）的另一個差異。

由上而下、無所不包的運作方式，往往讓想要尋找具體概念來改善系統的人無所適從。知名的系統理論家唐內拉・梅多斯（Donella Meadows）指出：

一旦你開始列出系統的要素，幾乎就沒有列完的時候。因為要素可以細分成子要素，子要素還可以再細分。不久，你就迷失在系統中，看不到系統的全貌，就像俗話說的，見樹不見林[9]。

我們經常聽到創業者與新創社群的打造者提起一個共同的話題：他們覺得生態系統背後的基本概念很合理，但他們很難掌握那個系統的起點，也不知道如何安排行動的優先順位。許多創業生態系統的模型立意良善，但沒有為落實有意義的改變提供明確的切入點。相反的，新創社群與博德論點把焦點完全放在「幫助創業者成功」上，所以立即創造出許多關注的領域。

我們需要強調，新創社群是位於其他系統中的系統。他們是創業生態系統內的行為者與因素的子集。創業生態系統又是創新生態系統的子集，創新生態系統又是經濟的子集，經濟又是社會的子集。你離新創社群愈遠，你帶來的複雜性愈大。複雜性愈大，愈難影響及塑造系統。

號召及激勵新創社群的參與者（包括那些也是「以創業者為

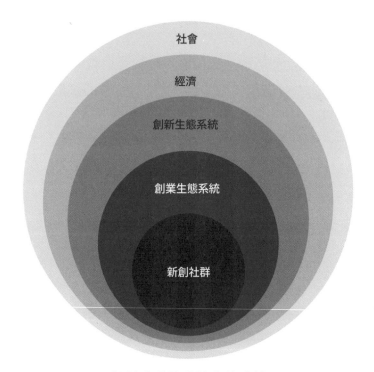

新創社群是系統中的系統

重」的人），已經夠難了。許多創業者在自家公司裡已經忙得不可開交。其他人可能是工作上需要與創業者互動，或是對創業感興趣，或是關注他所在城市的活力。

　　想要塑造及激勵那些對創業者和新創企業不感興趣的人，那些不把創業者和新創企業當成工作焦點的人，更是難上加難。因此，想在創業生態系統中影響創業風氣，困難許多。他們往往出

現在過度公式化的策略或模型中。雖然他們偽裝成由下而上的活動，但實際上往往是由上而下的計劃。

雖然改善創業生態系統的條件是值得的，但在創業活動達到足夠的水準以前，其影響大多有限。活動的順序很重要，而且沒有簡單的藍圖。在打造創業生態系統方面，我們必須積極進取。

創業成功

雖然很多事情可以改善創業生態系統，但最重要的還是創業成功——那是指新公司成立、成長，最終透過出售公司、公開上市（IPO）、或持續經營盈利事業，來為創辦人、員工、股東提供流動性。創辦人、員工、在地股東（尤其是早期投資者）的後續行動很重要。他們是退休呢？還是把時間、專業知識、財富再投資到下一代的創業者？他們這樣做是否慷慨大方且出於善意？

創業成功可加速新創社群的發展，因為它會創造出一種良性循環：創辦人、員工、投資者因創業成功而獲得財富的同時，也獲得了打造高影響力企業的實務知識。除了金錢與經驗以外，創業成功也透過活生生的實例，激勵更廣泛的社群及未來的創業者。

社群／生態系統適配

「產品／市場適配」的概念是用在早期創業階段。當公司建立了可靠的客群與收入來源時，就達到「產品／市場適配」了。創業者知道何時達到這個境界，因為那時顧客會積極購買公司銷售的產品。「產品／市場適配」是一個很難客觀確定的概念，反正你看到時，就會知道。創業者達到「產品／市場適配」時，就可以開始思考如何擴大公司規模了[10]。

「社群／生態系統適配」的概念也很類似。在許多地方，在達到這個境界以前，很大一部分的行為者並未參與新創社群。一種常見的說法是，沒有夠多的優質公司。大家不斷地討論該做什麼，但很少採取行動。另一種更慘的版本是，有人會問：「我為什麼要在乎？這裡的新創企業爛死了。」我們的回應是：「你們打算做什麼來改變這種情況？」

一旦開始出現創業成功——尤其是出現一個或多個重大成果——新創社群就會進入一個新階段，並成為整個創業生態系統的資源吸引者。這些成功會吸引更多人來參與、支持或觀察。

久而久之，當新創社群與創業生態系統有效連接時，狀態就會改變。一旦達到「社群／生態系統適配」，創業者會立即意識

到，因為感覺就像「產品／市場適配」一樣。突然間，想參與活動的人迅速增加了，幾乎不費吹灰之力。當新創社群和創業生態系統中有很大部分的潛在行為者開始動起來時，你就達到「社群／生態系統」適配了。

案例分享

打造新創社群如何推動麥迪遜的創業生態系統

史考特・雷斯尼克（Scott Resnick）
威斯康辛州的麥迪遜
哈丁設計開發公司（Hardin Design & Development）營運長；
麥迪遜 StartingBlock 的駐地創業者

羅馬不是一天造成的。二〇一八年啟用的 StartingBlock 社群創新中心也是如此。StartingBlock 占地五萬平方英尺（約1400 坪），是匯集威斯康辛州的創業專案、資金、導師的樞紐。這裡不只是新創企業的孵化器或辦公場所，也代表過去十年來這個新創社群的發展成果。

我們找來夠多積極投入的創業領袖，加入這個緊密相連的新創社群，逐漸打造出一個高成效的創業生態系統。如今，這裡持

續孕育出高成長的新創企業，吸引外來資金，留住本土人才，並重塑在地經濟。

▋ 麥迪遜的轉變

麥迪遜並非一直以來都是創業者的天堂。一所強大的研究型大學及數千名公務員（麥迪遜是州首府）是這個城市的支柱，這裡向來有一種反商的氛圍。這個社群並沒有迫切想要接納顛覆性的新科技。當然，生物科技在麥迪遜確實非常活躍，但推動當今數位經濟的軟體新創企業往往是轉往大城市發展。

如今，麥迪遜是一個新興的創業中心[11]。這裡因為有科技人才、新創企業密集、支持的社群文化而蓬勃發展。在這個人口約二十五萬的城市裡，新創企業出現爆炸式的成長。他們現在選擇留在麥迪遜，而不是去矽谷。

我們如何促進這種實質改變？

麥迪遜以往也有不少創業成果，但努力打造永續社群以不斷孕育成功的新創企業是近幾年才開始的。一群在地的創業者在二〇〇九年成立「資本創業者」（Capital Entrepreneurs），其使命是團結創業者，並提供一個論壇，讓大家分享故事，討論共同的問題，為共同的目的聚在一起。加入「資本創業者」是免費的，第一次聚會有七位創業者出席。創業挑戰變成一股強大的凝聚力，現在這個組織有三百多位成員，是新的聚會團體及新創社群計劃背後的結締組織。

如今麥迪遜的老字號企業及意見領袖也常把創業術語掛在嘴邊。這一切之所以發生，是因為一群致力投入的創業領袖很有遠見，他們由下而上推動變革。這裡沒有人主導一切，沒有中央化的計劃，也沒有重要的財務資助者。我們只是希望把麥迪遜打造成一個最適合創業者的地方。

▌實現 StartingBlock

二〇一二年的年底，包括我在內的一群創業者制定了一個計劃，我們打算購買一棟大樓，向新創企業出租空間，也把創業資源集中在那裡。那是一個善待創業者的環境，我們的目的是打造社群，促進創業者之間的交流，進一步催化生態系統中的成長。我們不只是打造一棟大樓而已，而是建立一個創業者中心，讓他們探索新創意，也追求個體的成長。我們把這個新空間視為一個長期服務麥迪遜社群的基礎設施，並把它提升到另一個境界。StartingBlock 將會是這個城市的經濟引擎。

當時我們的規劃有點太早，願景也不太實際。那個專案需要耗資一千萬美元，募款就是一大挑戰。麥迪遜缺乏商業環境、規模，也沒有在更大的城市打造過類似中心的成功創業者。而且，反對者不斷地煽動反對聲浪，他們說這個專案野心太大，必敗無疑。我們沒有指引專案發展的藍圖，時時刻刻都在學習。

這個專案因規模龐大，需要引進更多的合作夥伴。當地的影響

人物開始注意到這件事，社群熱議最終轉趨正面。我們不是找影響人物來擔任董事，而是由志願的「實作者」組成董事會，每週聚會一次。

有三個因素促成了這個專案的成功。首先，當時麥迪遜新創社群的規模已經夠大，也有足夠的凝聚力，足以代表一個強大的群體，他們致力為專案的成功而付出。第二，生態系統的兩大合作夥伴（麥迪遜市府及麥迪遜燃氣電力公司）建立公私合夥的關係以提供財務資源，為我們推了一把。第三，商界領袖積極支持下一代的企業。美國家庭保險公司（American Family Insurance）讓 StartingBlock 進駐它位於麥迪遜市中心的新大樓，這對我們幫助特別大。美國家庭保險公司是財星五百大企業中最創新的公司之一。他們內部的事業開發團隊、社會影響機構、創投基金部門就在我們的樓上。

回顧這整個過程，我可以說 StartingBlock 的啟動至少是一個長達六年的社群專案。我們的早期衡量指標看起來不錯。在全美許多城市都有據點的知名加速器 Gener8tor、支持女性創業的組織 Doyenne、十多家新創企業已經搬入 StartingBlock 經營的空間。有兩千三百萬資金的創投基金石河資本（Rock River Capital）也是租客。這個空間無疑會持續演變，但核心群體已經激勵了在地的新創社群。

▌經驗啟示

如果你的社群也想打造一個創新中心，可以從我們的經驗中汲

取一些啟示。首先要知道，這種專案的推動需要時間。麥迪遜花了整整十年才累積足以支持 StartingBlock 的關鍵群體。即使你所在城市的公營與私營部門都渴望馬上展開類似的計劃，你還是需要先確定本地是否有足夠的新創企業與社群值得做這種專案。在新創社群剛萌芽、新創企業還不夠多的生態系統中，有一些成本較低的方式可促進合作。例如，聚會時請大家吃披薩；提供平價的辦公空間；主辦新創企業活動；先建立一個交流與支持組織（類似「資本創業者」），運行一陣子，累積一些創造價值的風評實績，之後才投入資本密集的實體空間。

創業者應該是你的專案核心。StartingBlock 始終奉守「創業者守望相助」的心態。創業者必須一起面對挑戰。我們的策略重點是來自那些在新創社群中有親身經驗的個體。他們知道領導一家新創公司會面臨哪些起伏動盪。公營與私營部門的合作夥伴是扮演關鍵但輔助的角色。無數立意良善的社群常犯的錯誤是，試圖由上而下來催化新創社群。千萬不要那樣做！一定要讓創業者領導。這個關鍵若是搞錯了，幾乎一定會導致專案失敗。

創業者群體的需求必須擺在第一位。我們的目標是建立一個卓越的社群，並把它傳給下一波的新創公司，我們沒有讓私人目的破壞這個專案。

我們是以廣泛的觀點來看新創企業。在衡量其成敗時，不是只看它募到多少創投資金。只看募資金額是個陷阱。有些新創企

業採用不同的募資途徑，或採用別的成長模式。有些最成功的創業者從未拿過創投業者的資金。

我想強調「資本創業者」為麥迪遜新創社群打造的社會結構。這點非常重要，光有一棟建築是辦不到的。目前整個組織仍靠每年幾千美元的預算以及幾百小時的志願付出，來維持運轉。社群效益的回報是無法估量的。多年來的定期聚會、計劃活動、以及把麥迪遜打造成創業勝地的熱情，使社群領袖之間持續培養出互信。組織讓創業新手可以隨時接觸到經驗豐富的創業者並建立人脈。這些都不是一蹴可幾的成果。

經常有人問我：「資本創業者是一個以創業者為重的組織，同時持續找機構與私營夥伴來為 StartingBlock 提供資金。這兩邊如何協調？」這是一個需要持續拿捏平衡的任務。早期，一些知名的創業者對那些參與者抱持懷疑的態度，他們的懷疑也很合理。我們不得不拒絕一些可能危及 StartingBlock 使命的合作夥伴。時至今日，我們依然以創業者的需求為優先考量。我們一直不想變得太企業化，那是其他地方的創業支援組織經常失敗的原因。多虧了贊助商的協助，這些創業者才能夠大放異彩。合作夥伴持續傾聽我們的需求，並發揮他們的影響力。那些來自政府與企業界的合作夥伴從來不會主導我們的專案。我們只要達到必要的成熟度，他們就會運用其資源來擴大我們的成果。

StartingBlock 是麥迪遜目前這個轉變階段的關鍵，它不是啟動

這一切的力量。我們是以原則來指引組織的發展，不是依循藍圖。我們因此獲得了一套強大的工具，可以擴大威斯康辛中南部的新創企業。我們的新任務是好好利用這套工具，以後有最新的進展時，再跟大家報告。

為台灣新創政策帶來救贖的一本書

文／許杏宜[†]

「我比較關心的，不是你是否已經失敗，而是你是否對你的失敗感到滿意。」——林肯

過去這十幾年來，「創業」（entrepreneurship）跟「新創」（startup）可以說是一門顯學。

金融海嘯發生後，世界經濟一度陷入衰退，年輕人失業的問題也變得嚴重，推動創業因此成了許多國家解決經濟跟社會問題的一個解方。與此同時，網際網路跟科技的爆炸性成長，讓創業更為便利，也刺激出新型態的商業服務模式（像是 SaaS、PaaS 和 IaaS），並且使得「不改變、就等死」成了科技時代全球適用

[†] 商務律師，曾任台杉投資法務長；著有《你不該為創業受的苦！》。

的生存法則。

也是在創業跟新創的大浪下，我們看到各地政府推積極推動創業新創，以及那深處幽微的競爭關係。一篇又一篇城市創業生態系統的排名、一個又一個名字愈來愈別出心裁的政府計劃，人們總是競相爭問：如何成為下一個矽谷？如何打造出下一個獨角獸？如何幫助新創找到更多的資源（錢）？

問題是，當全球各界投入這麼多的資源在推動創業新創中，我們真的做對方向了嗎？也因此，布萊德・費爾德與伊恩・海瑟威在此時出版《新創社群之道》，就顯得格外有意義。

布萊德・費爾德在二〇一二年出版了《新創社群》一書，書中提出的「博德論點」四原則，甫一出版就獲得了相當大的關注及迴響，時至今日已經成為如何打造新創社群的經典藍圖。而本書《新創社群之道》則是延續《新創社群》的成果，進一步為「新創社群」打造一個新的概念架構，清楚地劃分「新創社群」跟「創業生態系統」之餘，同時又相互整合兩者。

投入資源，但無濟於事

探討如何打造新創社群或創業生態系統的論述很多，《新創

社群之道》當然不是第一個。《新創社群之道》的價值，在於以溫和卻深刻、有系統的論述方式，指出多數新創社群參與者的盲點及無益心態。以筆者關心的政府角色來說，政府多數時候習慣由上而下去主導新創社群的參與，誤以為增加資源投入就可以得到期望的產出和結果，且習慣用標準化的衡量方式制定推動新創社群的政策績效指標。然而，這些想法或心態可能無助、甚至有害於新創社群的發展。布萊德・費爾德與伊恩・海瑟威提醒，新創社群跟創業生態系統是複雜系統，難以控制，而使用標準化的衡量指標所製作出的排名將過度簡化創業生態系統。因此，比較正確（或者長遠）的態度是重視新創社群的互動品質甚於要素多寡，最務實的比較是比較同一城市的不同時點，而且要從當下的時點放眼二十年，不是短期的政策支持就要看到效果。

要特別釐清的是，《新創社群之道》並不是反對政府參與新創社群及創業生態系統的發展。全球知名的經濟學家瑪里亞娜・馬祖卡托（Mariana Mazzucato）在《打造創業型國家》（*The Entrepreneurial State*）一書中，強調政府在帶領創新與經濟成長的重要性，引起了各界的重視與討論。在國家帶領創新這點上，《新創社群之道》其實沒有不同，也肯認政府的研發預算投入是促使矽谷早期崛起的眾多因素之一。只是發展新創社群畢竟和帶

領科技創新有所不同，前者牽涉到活生生的有機體成長，因此《新創社群之道》認為，政府在新創社群應謹守「參與者」的角色，讓創業者領導新創社群的發展，以創業者為中心建立起「＃先付出」、多元開放、由下而上的協作文化。

政府要決定「不」做什麼

回過頭來看台灣，其實台灣政府近幾年來投入不少資源在推動創業新創政策上，從舉辦創業競賽、補助加速器、支持共同工作空間，到眾多創業補助、貸款甚至是直接投資，還有大學裡諸多的創業創新學程，政府兢兢業業地執行，巴不得遍地開花，讓每個新創都成為萬中選一的獨角獸。然而，就在台灣政府努力的背後，筆著近距離觀察，隱隱約約地感受到政府各機關的焦慮：為什麼投入這麼多的資源，還是看不到成果？政府多次跟新創對話，聆聽新創的需求，為什麼台灣還是無法像矽谷或者以色列一樣？而台灣的新創業界也經常質疑：政府究竟為新創做了什麼？

如果，只是如果，台灣政府跟新創之間曾存在著某種隱約的對立關係，那麼《新創社群之道》可以說是讓台灣政府跟新創相互理解，重新攜手向前。政府在鼓勵新創社群的發展時，如本書

所提到的，經常有一種數量迷思，究其背後仍不脫由上而下發動的思維。舉例來說，為了幫助新創，台灣政府藉由多重管道直接投資或補助新創，而新創業界也期待政府幫忙解決資金不足的問題。但政府真的適合扮演資金提供者的角色嗎？由政府來擔任資金提供者的角色，除了可能涉及資源分配不公的問題外，無形之中會不會加深新創對政府的依賴，而與創業家精神的根本原則相違背？如果我們仔細探索，就會發現新創政策的方向不一定是我們想的那麼理所當然，政府必須時時抱持著謙卑的態度，邊做邊修正。本書第十章提到西雅圖市政府在協助新創社群發展時決定做什麼跟不做什麼，就是給台灣政府的一面明鏡。

除此之外，台灣政府總是習慣以科層組織的績效指標去衡量自己的工作成果，例如今年要幫助幾家新創募到資金、總募資金額要達到多少億元、幾年之內要有幾家獨角獸……導致政府由上到下，將帥、三軍均累倒在地，所做的努力看起來仍是杯水車薪。其實，如果從質的角度出發，我們會發現，跟過去的台灣創業環境相比，現今的台灣社會對創業已經相當友善，即使還有很大的成長空間，但政府的努力早應該獲得肯定。從而，《新創社群之道》可以說是台灣政府的救贖，讓台灣政府得以從新創競賽的焦慮中被釋放出來。

以「創業精神」為本

如兩位作者在書裡所說，《新創社群之道》不是一本教各界如何打造新創社群的手冊或循序漸進的指南。這本書其實已經超越了手冊或指南，在這個充斥著創業與新創論述的時代，益發展現其醍醐灌頂的引導價值。

在文末，筆者最後要提到個人的關懷所在。律師在新創社群是一種服務提供者，本書並未著墨太多服務提供者在新創社群能夠發揮的功能，但從筆者個人的觀點來看，新創社群的七大要素裡，每一個都有律師能夠出力貢獻的地方。但一個根本的問題在於，身為律師，為什麼要參與推動創業新創？原因在於，推動創業新創將促進社會大眾整體的「創業精神」，而筆者堅信：「創業精神」是開啟縮小貧富差距大門的鎖鑰。當前社會貧富分化愈趨嚴重、階級流動益發僵固，不論是否創業，不論個人的年齡多寡，「創業精神」對於想翻身的人來說，都是機會與希望之所在。

如《精實創業》作者艾瑞克‧萊斯為本書撰寫的推薦序所說，一個機會與資產公平分配的未來，是我們努力的真正目標，而這也是筆者擔任律師的初衷和終極理念。

PART 2

複雑系統

第六章

讓系統回歸生態系統

開放、支持、協作是新創社群的關鍵行為。協作對新創社群來說是必要的,這需要有開放的心態、開放的邊界,接納他人的獨特性,以及支持新創社群的責任感。

新創社群最好是從系統的角度來觀察及運作。雖然這個道理似乎顯而易見,但我們常聽到有人前一分鐘才提起創業生態系統,後一分鐘又馬上提到與系統運行互相矛盾的行為。**生態系統**的「**系統**」那部分很重要,但大家把它看得太隨性了。

雖然「系統用語」與「系統實作」之間脫節不是故意的,但大家對新創社群的系統屬性所產生的集體誤解及缺乏認知會阻礙進展,也會造成問題。系統思維很難落實,是因為它往往有悖直覺,違背我們先天想要掌控事物及避免不確定性的人性。

新創社群是複雜適應系統。這是一種特別的系統，有非線性及動態等特性，很容易讓人感到困惑。接下來這幾章，我們將解釋這是什麼意思，複雜系統的關鍵特徵是什麼，新創社群如何呈現複雜模式。最重要的是，我們將討論有效投入這種社群的實務意涵與策略。

系統概論

系統是指一群實體互動以集體生成某物。三大要件構成了系統的核心：組成分子、相互依賴、目的。在 PART1 的章節中，我們描述了新創社群中的每個要件：組成分子（行為者與因素）、相互依賴（信任網絡）、目的（社群 vs. 生態系統）。另外，還有三個系統屬性特別重要：邊界、規模屬性、時間維度[1]。

系統邊界可以是開放的、封閉的、硬的或軟的。談到新創社群時，我們往往強調地理邊界（通常是指一個城市或大都會區）或角色邊界（例如創辦人、非創辦人）。但邊界也有許多其他的定義，例如產業、垂直、國籍、性別身分、或大學從屬關係。

規模屬性是指較大系統中的各種子系統與群集。對新創社群來說，這可能是以一些邊界特徵為基礎，任何規模的變化都可能

透過傳染力（思想、行為、規範的傳播）或吸引因子（聚在系統某處的行為者，被吸引到聚在系統另一處的群集）等機制，在整個系統中引發更廣泛的變化。

最後是時間維度。新創社群是一個不斷演變的動態系統。資訊流與社交線索促成了行為或思維模式的改變，這又促成行為者與整個系統之間共同演變的無限循環進一步改變。行動之後，結果常延遲很久才出現，這導致我們難以確定因果關係。時間延遲對人類思維是一大挑戰。

整個系統

想要投入一個緊密相連的系統（例如新創社群），最有效的方法是採全面的觀點。在新創社群中，獨立解決一個問題時，新的問題又會冒出來。簡化或筒倉式的觀點都無法綜觀全局。透過那種狹隘的觀點，即使立意良善，也可能導致局勢惡化。全面的觀點，再加上一點謙卑，可以讓領導者深入思考哪些戰略與戰術最有益。

在新創社群中，無法全面思考是一個根本的挑戰。參與者（尤其是領導者以外的人）往往沒有充分考量更廣泛的影響，就

採取見識短淺的行動。同樣的，他們也沒注意到周遭的活動如何從根本影響其作為與思維[2]。

大家只關注眼前的事情——自己的新創企業、組織、關係或目的。雖然這種行為是完全可以理解的，但他們卻因此錯過了全局。他們不會深入思考，什麼因素造成他們正在面對的問題、為什麼同樣的挑戰往往一再出現，或一種提議的行動可能促成其他的行動、反應或意想不到的後果。俗話說「見樹不見林」就是如此。

每個人都忙著完成他認為最重要的事情。即使是最慷慨大方的人，也有追求自利的天性。底下就是一個典型的例子：當創業支援組織在城市中激增時，它們的使命與資金來源往往有些重疊[3]。它們不是想辦法變得更合作無間，而是變成相互競爭。整個城市來看，它們的努力相互重疊，甚至相互抵消，導致新創社群獲得的效益變小。

人性先天喜歡把問題簡化，加以拆解，然後再逐一解決。我們喜歡答案，而不是問題；喜歡信心，而不是懷疑。我們習慣透過自己的經驗來狹隘地看世界，提議自己熟悉的解決方案，或自己有能力處理的解決方案。俗話說「手拿錘子，眼裡的一切都像釘子」就是如此。

在古老寓言《盲人摸象》中，一群盲人第一次遇到一頭大象。他們每個人都觸摸大象的不同部位。根據他們有限的個人理解，每個人對大象的解讀幾乎沒有共識，他們看不見全貌。由於他們的腦中有錯誤的心智模型，他們各自以非常不同的方式與大象互動——抱著不同的目標，追求不同的理念。

許多參與者也是以這種方式來接觸新創社群。他們往往根據自己的參考架構來執行有限的目的，沒有考慮到他的行動會產生

盲人摸象寓言

更廣泛的影響，也沒有考慮到社群的整體需求。但個人行為不是存在真空中。在複雜系統中，每個人的行為都是同時發生的，共同決定的。顯而易見的解方往往導致情況惡化或促成全新的問題。不是那麼顯而易見的解方往往效果更好。

階層組織（例如大學、公司、政府）特別難做到全面思考，那些機構的人習慣從他們的角度看待新創社群中的問題，所以想以一種掌控局勢的方式來強行推動一些解方。這些組織通常是由部門與產品線組成的，這又促使他們更容易採取簡化的觀點，而不是廣泛的全盤觀點。

歷史上充滿了試圖控制人類系統卻失敗的例子。那些失敗令人疲乏，進而放棄有價值的追求。在這種背景下，我們是以簡化的觀點看系統，只看到我們了解的問題。我們害怕未知，並試圖迴避未知。

這種方法不適合套用在複雜系統上。當我們覺得問題各自獨立，解決方案明確可行時，焦點會變得很狹隘，並陷入「見樹不見林」的挑戰中。

二〇〇一年網路泡沫的破滅，震驚了多數的創業者與投資者。二〇〇四年，當市場深陷所謂的「核冬」時，很多人撰文指出這是創業與矽谷的終結。二十年後，我們明顯看到，以網路革

命來界定創業是錯的。這種過度簡化的觀點忽略了網際網路對商業與社會的根本全面影響。抱持全盤觀點的創業者覺得，泡沫破裂後的那段時期是經濟壓力結合徹底又持續的科技創新。試想，如果 Google 認為網際網路無利可圖，或馬克・祖克伯（Mark Zuckerberg）覺得創業精神已死而不想費心創立臉書（Facebook），今天的社會是什麼樣子。

馬克・蘇斯特（Mark Suster）和他的公司 Upfront 創投基金（Upfront Ventures）幫助洛杉磯新創社群發展的方法，就是全面思維的當代例子。十年前，許多人認為洛杉磯是一個比較不重要的小型新創社群。二〇一三年，蘇斯特和他在 GRP 合夥事業（GRP Partners）的合夥人把公司重新命名為 Upfront 創投基金，開始齊心協力地擴大、宣傳、發展洛杉磯的新創社群。

蘇斯特以非常大膽前衛的方式來促進洛杉磯的發展。他發起一年一度的「Upfront 高峰會」，邀請洛杉磯的所有創業者參加，也邀請全美各地的創投業者及有限合夥人來洛杉磯參加這個為期兩天的活動，並向他們展示當地的發展現況。由於 Upfront 創投基金是從全面的角度因應問題，而不是試圖解決特定的問題或掌控事情，Upfront 大幅加快了洛杉磯新創社群的發展，也為自己打響了國際品牌。

綜觀整個系統，並以全面的觀點接觸新創社群，並非易事。後面會提到，那其實很「複雜」。

> **延伸閱讀**
> # 諾伊斯、毛澤東，與「非意圖結果」
>
> 一九五七年，以羅伯‧諾伊斯（Robert Noyce）為首的八位矽谷高管，從著名的肖克利半導體（Shockley Semiconductor）出走，創立一家競爭公司：快捷半導體（Fairchild Semiconductor）。如今這種事情在矽谷屢見不鮮，但是在當年並不常見。快捷半導體的創立就像一個分水嶺，引發了廣大的迴響。他們（所謂的「八叛逆」）為矽谷挹注了創業精神，因此永遠改變了創新的進程，這種風氣持續至今，並使矽谷成為全球豔羨的地方。
>
> 約莫同一時間，在六千英里外（約十萬公里）的中國，共產黨正發起一場截然不同的革命。一九五八年，中國共產黨的主席毛澤東發起大躍進，那是一系列影響廣泛的經濟與政治改革，目的是把中國從農業經濟轉為工業經濟，並鞏固共產政權。
>
> 首批行動之一是除四害運動，目的是消滅有害中國人民健康與福祉的害蟲、齧齒動物、鳥類（注：剛開始的四害定義是：老

鼠、麻雀、蒼蠅、蚊子。遭到動物學家一致反對後，一九六〇年四害重新定義為：老鼠、蟑螂、蒼蠅、蚊子）。鳥類，尤其是麻雀，是大家鎖定的焦點，因為牠們以人類栽種的穀物與水果為食。大家擔心麻雀會導致中國人民陷入飢荒。

這項行動奏效了。不到兩年，麻雀幾乎絕跡。結果呢？脆弱的生態系統遭到破壞，導致一九五九年至一九六一年的中國大饑荒，據估計造成一千五百萬到三千萬人死亡。

究竟哪裡出錯了？

中國政府因消滅麻雀，反而惡化了他們想要解決的問題。

事實證明，麻雀不僅吃人類食用的穀物，也吃對作物生長更不利的害蟲。在重要的掠食者消失後，害蟲的數量激增，糧食供給大減。這種系統反應是撲殺麻雀導致大饑荒的原因。當大家清楚看到政策釀成災難時，終於在一九六〇年終止那項政策。

那麼，中國大饑荒與矽谷創業精神的精髓有什麼關連？除了它們幾乎同時發生以外，它們其實都是在講述非意圖結果（law of unintended consequences），那在新創社群之類的複雜系統中很常見。

中國政府採取由上而下的高壓手段來保護糧食供給，但因為沒有系統化地思考，造成了更大的問題。他們在無意間啟動了一個毀滅性的反應循環，導致上千萬人喪命。

相較之下，八叛逆做了一個看似孤立及無關緊要的決定，逃離了管理不當（據報導很專橫）的威廉・肖克利（William Shockley），為自己創造了更好的東西。然而，這家新公司卻激發了一種在現代經營技術事業的新方法。很難相信當時他們的當務之急竟然是改變地區的商業文化（如今全球都仿效這種文化，以促進創新導向的創業），但事實就是如此，不管當時他們有沒有那個意圖。

這兩個個案帶給新創社群的啟示是，你可能不知道一個提案會帶來饑荒、還是盛宴。反覆嘗試、合理的直覺判斷、充分的謙卑、以及從錯誤中學習的意願，會決定行動的方向。一開始先採取謹慎的方式，看什麼有效、什麼無效。學習，調整，並在必要時改變方向。最大的成果往往是來自一個想法驅動的小決定：嘗試做別人做過的事情，但把它做得更好。

簡單的、繁複的、複雜的活動

　　管理學教授瑞克、納森（Rick Nason）的著作《化繁為簡的科學　》（*It's Not Complicated: The Art and Science of Complexity in Business*）是在商業界辨識及駕馭複雜性的卓越指南。他在書中提出一套實用的架構，來幫大家掌握複雜性的特徵[4]。他針對任何職

場任務提出三個問題，這裡我們再添加他暗指的第四個問題：

1. 成功的結果可以輕易客觀地定義嗎？
2. 大家都了解締造成功結果的資源與程序嗎？
3. 是否涉及許多步驟，過程需要協調嗎？
4. 執行需要精確嗎，還是資源投入與過程比較靈活？

你可以看到納森那本書的標題裡同時有 complicated（繁複）與 complex（複雜）兩字。這兩字常被拿來交替使用，但兩者替換不見得恰當。這就好像許多人把**社群**和**生態系統**混為一談一樣。對多數人來說，繁複與複雜可能是同義詞；但是對系統科學家來說，兩者完全不同。若要解釋兩者的差異，最好的方法是討論三種活動：簡單的、繁複的、複雜的活動。

為了說明簡單、繁複、複雜之間的區別，我們引用納森在書中舉的三個例子：煮一壺咖啡、編財報、大張旗鼓去業務拜訪。這是商場上的三種日常活動，本書讀者應該都很熟悉。

煮咖啡很簡單，成功的結果也很明確：就是有沒有煮出一壺咖啡，至於好不好喝，那又是另一回事了。煮咖啡的流程只要依循幾個簡單的步驟。一個人即使沒有經驗，只要獲得正確的指

示，也可以輕易完成。它的程序很難出錯，因為使用多少咖啡粉、加多少水、水溫多少都不需要精確，只要抓個大概，依然可以煮出一壺咖啡。

編財報是很繁複的活動。它跟煮咖啡一樣，有一般公認的成功定義：亦即遵守會計規則。編財報也有一套明確定義的程序需要依循：會計原則及規章制度。

有兩個關鍵差異使編財務屬於繁複任務，而不是簡單任務。第一是需要依循的步驟數量。煮咖啡只需要幾個步驟，編財報需要很多步驟。第二個差異在於執行任務所需的精確度。煮咖啡只要抓個大概就夠了，但編財報時，隨便估計可能產生不正確的結果，或導致公司承擔法律責任。

由於有這些差異，編財報需要更多的專業知識、訓練、認證、協調更多的任務，可能還需要一個團隊的人力。幾乎每個人都會煮咖啡，而且只需要一個人就夠了。

雖然這兩種活動不同，但客觀上它們都有可實現的結果。它們衍生的問題都是可以解決的，我們對這兩個任務的結果都有很高的掌控力，也有一套清晰的程序可以幫我們達成。一旦列出程序，結果是可預測的，也可以複製——這是線性流程的核心特徵。

大張旗鼓去業務拜訪則不具備上述任何特徵。成功與否並沒

有客觀定義的標準。成功的結果取決於不同的因素，從參與者、銷售週期的階段、對銷售目標的預期，到一些比較普通的因素，都可能產生影響（例如，業務拜訪是在一天的哪個時間點進行、參與者前一天多晚睡等等）。拜訪重要客戶不是只要依循幾個簡單的步驟，也不需要熟悉冗長的教戰手冊。它有賴多位團隊成員投入未知數量的行動。這很難或甚至不可能事先找出決定性的成功因素。

因此，它的流程是無法明確寫下來的。即使能寫下來，你照著重複執行，也不會產生同樣的結果。解決方案通常一開始並不明顯，是事後才明朗化。不確定性很高，即使派出一群最優秀的團隊，也不保證有好的結果，他們只是提高成功的機率罷了。向前邁進的唯一方法，是一再地試誤，可能還要加上一點機運。

這些特徵使大張旗鼓的業務拜訪屬於複雜的活動，這也是非線性流程的例子。它與簡單的活動及繁複的活動截然不同。經營 Techstars 應用太空加速器的科學家強納森・芬茲克（Jonathan Fentzke）曾對海瑟威說：「關於一個系統，最根本的問題在於它是不是線性的。如果是，那就很容易掌控。如果是非線性的，它隨時都在災難的邊緣搖晃。」

以上三個職場活動的例子，每天都在各地的事業裡進行。執

行這些活動的管理者與專業人員可能不像前面講的那樣考慮那麼多。但系統思考者是以不同的方式觀察這些事情，納森寫道：

這些任務沒什麼特別之處，很多人可能覺得這些事情很稀鬆平常。然而，這三項任務都涉及不同程度的繁複性與複雜性，需要不同程度的知識、技能、專業。科學家認為，每項任務都是一種系統，工程師則可能為每項任務畫出流程圖。不過，管理者執行每項任務時，並不會意識到系統或流程。現在是管理者仿效科學家及工程師，刻意去思考這些差異的時候了[5]。

接著，我們把上一句的「管理者」改換成「創業者」或「新創社群的打造者」。現在是我們都變成系統思考者的時候了。

從活動到系統

系統就像職場活動一樣分三類：簡單的、繁複的、複雜的（混沌系統是第四類，但這裡略而不談，因為它在這裡的應用有限）。當我們解釋簡單、繁複、複雜的活動時，其實是在描述三種系統——因為每一種活動都有組成分子、相互依賴、目的。

簡單系統包含有限數量的元素，並依循簡單的腳本或行動準

則，幾乎不需要專業知識就能理解，而且產生的結果很好預測。一般人只要依循一組直截了當的指令，就可以產生想要的結果，而且反覆執行所得到的結果很類似。簡單系統的例子包括烘焙蛋糕、開車門，是的，還有煮咖啡。

繁複系統涉及更多的元素與子系統，較多的步驟，需要花更多的心思去規劃及執行，需要更嚴格的控制及整合，對技術與管理專業也有更嚴格的要求。雖然有這些挑戰，但繁複系統是可預測的，結果是可控管、也可複製。繁複系統的例子包括登陸月球、設計及組裝汽車，是的，還有編財報。

簡單系統和繁複系統都屬於線性系統。雖然繁複系統需要較多的知識和專業來管理，不過一旦確定了成功的結果及一套程序，結果都是可掌控、可預測、可複製的。資源投入或流程的改變會產生可預測的結果，因為因果關係很好理解。

複雜系統則截然不同，我們周遭就有很多例子，比如交通、家庭、人體、城市、金融市場等等。複雜性隨處可見，但我們依然難以了解複雜性的本質，也難以調整行為與思維模式來妥善駕馭它。人類的直覺很難處理許多複雜的情況，但我們常反射性地啟用那個不適合處理複雜情況的大腦[6]。

我們無法接受複雜的現實，部分原因在於我們先天就想迴避

簡單系統 vs. 繁複系統 vs. 複雜系統

簡單系統	繁複系統	複雜系統
元素少，幾乎沒有階層與子系統	元素較多，有階層與子系統	有許多相連的元素、階層、子系統
不太需要專業	需要較多專業	人才的多樣性比專業更重要
很容易知道及預測	有挑戰性，但依然可以知道及預測	不完全可知，預測有限，而且背景脈絡很重要
容易掌控及複製	很難但終究是可以掌控的	無法掌控，只受影響及引導
成功的結果定義明確，而且可複製	成功的結果定義明確，而且可複製	成功的結果沒有明確定義，無法複製
由上而下，不太需要精確	由上而下，精確很重要	主要是由下而上，精確沒有意義
容易創建	可以人為策劃	自己組成，自然出現，無法人為策劃
線性	線性	非線性
死板	死板	演變
例子： 烤蛋糕 汽車鑰匙	例子： 太空船 汽車引擎	例子： 職場文化 交通

不確定性，想掌控局面。人類想要了解及解決問題。簡單與繁複的系統很適合這種人類的自然衝動。大型組織（如大學、公司、政府）的設計就是考量到繁複的世界。它們那種由上而下的階層結構及管理風格反映了這點。但社會絕大部分是複雜的，新創社群也是如此。

如果你曾經嘗試塑造企業文化，你應該可以馬上心領神會什麼是複雜系統。有些公司花很多資源去制訂政策，以規範企業文化。他們幾乎都是採用由上而下的方法，經常花大錢聘請顧問來幫忙。接著，管理高層公布政策，以期員工遵守。許多改變企業文化的心血起不了作用，是因為它們把繁複系統的心態套用在複雜系統上。通常，它們強調的價值觀不對，管理高層也不以身作則，這也難怪員工不把政策當一回事。

公司應該把焦點放在定義文化規範上，而不是文化本身。一種比較有效的流程是徵詢各階層與各部門員工的意見，召集多種利害關係人來討論，尋找及支持已經自然發生的活動，抗拒總是想做新事物的誘惑。一旦確定了文化規範，公司的領導者必須以身作則，身體力行。與其提供逐步的行為指南，公司應該樹立一些高層次的價值觀，並確保每位領導者或管理者為這些文化規範樹立典範。最終，誠如創投業者本・霍羅維茲（Ben Horowitz）所說的：「你的行為決定你是誰。[7]」

把新創社群視為複雜系統、而不是繁複系統，就開創了一種與新創社群互動的新方法，你可以用這種新方法來接觸新創社群，改進它。把其他的複雜系統拿來作比喻，可以幫我們了解及改進打造新創社群的作法。例如，為什麼倫敦或洛杉磯的交通那

麼難預測；為什麼不太正常的家庭在家人團聚時很容易失控；為什麼增加警力往往無法有效減少犯罪，或更有可能適得其反。

接下來幾章，我們將探索複雜性在理論與實務中的關鍵概念與意涵。不過，在開始之前，我們先來看法學教授本薩爾的看法。他說明科羅拉多大學博德分校的「新創業挑戰」（New Venture Challenge）如何在更廣大的大學及博德市的新創社群中採用全面觀點。

案例分享

「新創業挑戰」如何落實新創社群之道

本薩爾
科羅拉多州的博德市
科羅拉多大學法學院的法學副教授；
科羅拉多大學矽谷 Flatirons 中心的創業專案主任

有些事情是我們認為自己會做的，還有一些事情是我們實際做的。人生的一大樂事，是我們實際做的事情遠遠超出我們認為自己會做的事情。

二〇〇八年，我加入一個由教職員與學生組成的基層志願組

織，那個組織在科羅拉多大學發起「新創業挑戰」（NVC）。十年後，我為了「NVC 10」錦標賽站在博德劇院的舞台上，面對著六百人。NVC 10 提供十二萬五千美元的獎金，並展示來自校園各個角落的優秀新創企業。那場錦標賽很激勵人心，我站在台上時，觀眾席中的新創社群成員已經大聲承諾，他們要為 NVC 11 贊助二十萬美元。我從未見過這種盛況。

1. **NVC 已經變成一股強大的力量，遠比我想像的還要強大。** 我們一開始只是想幫助校園內的創業新生代，沒想到 NVC 竟然變成了一個引擎，吸引了科羅拉多州前山地區（Front Range）的整個新創社群（前山地區是指排在洛磯山脈東坡的那一串城市）。四個觀點說明了科羅拉多大學的 NVC 對校園以及更廣大的博德新創社群的影響。

2. **NVC 補充了博德新創社群的其他元素。** NVC 是一個「前加速器」專案（注：介於加速器與孵化器之間的機構），定位很適合博德市的許多創業計劃，包括一系列專門服務正式新創企業（意指有全職投入的創辦人）的加速器。NVC 提供一個平台，幫助那些已經有構想的創業者，或已經接觸創業圈、但還不想進入加速器以全職投入創業的創業者。這個「前加速器」模式在校園中運作得特別好，因為教職員還有正職，學生仍需要修課。

3. **NVC 是兼容並蓄的。** 這個專案是每年九月新學年開始時啟

動。任何新創企業只要符合一個資格就能參加：公司至少有一名核心成員是科羅拉多大學的學生或教職員。在秋季開學後，NVC 會幫創業者組建團隊，提供導師，並指引新創企業取得相關的校園資源與進修課程。在春季開學後，NVC 會開講習班，幫那些加入 NVC 的新創企業測試及開發創業構想，提供專家幫那些創業團隊改進他們的宣傳訴求，最後的高潮是四月份在校園裡舉辦的 NVC 錦標賽。NVC 培育的卓越團隊常參與 Techstars Boulder、iCorps 等備受矚目的創業專案。

4. **NVC 打破了孤立創業的現象。**我們的專案是博德新創社群參與校園活動的切入點。大學的官僚體制不利於配對社群人才與校園需求。NVC 解決了城鎮與大學之間的許多挑戰。約七十五位創業者、投資者、服務提供者自願擔任 NVC 的導師。此外，NVC 參與者的本質是自動自發、積極進取、充滿創意、勤奮不懈。這些本質使 NVC 成為新興公司招募積極人才的沃土。最後，NVC 錦標賽就像一個為社群舉辦的年終派對，以頌揚校園創業。NVC 在公開論壇上展現校園裡最優秀的創業者，而且每年都為「學校在促進創業方面做了什麼？」這個問題，提出一個激勵人心的答案。

5. **NVC 反映了創業與創新的跨學科性質，突顯出整個校園洋溢的創業精神。**NVC 不是設在某個系所或學院底下，而是由校園領導者所組成的多元團隊一起經營，包括校園的研

究創新辦公室、里茲商學院（Leeds Business School）、工程學院、音樂學院、技術轉移、法學院的矽谷 Flatirons 中心。這種合作讓 NVC 在校園的多數建築中都有存在感。因此，NVC 的參與者來自許多系所。這些參與者覺得，團隊有多種技能及多元背景時，團隊運作得最好。此外，導師與創業社群的人幫助 NVC 時，他們是與一個涉及整個校園的平台合作，而不只是一個小組。

這四種元素——（1）補充而不是取代新創社群已經在做的事情；（2）接納校園裡的每個人；（3）打破大學內的孤立作法；（4）尊重創業的跨學科本質——指引 NVC 專案邁向成功。

第七章

無法預知的創意

新創社群是複雜適應系統，是由參與者的互動形成的。
了解及積極接納複雜系統及其運作方式，是長期打造蓬
勃新創社群的必要條件。最重要的是，你必須了解，價
值是由許多組成分子一再互動所衍生的流程創造出來的。

　　新創社群是一個複雜適應系統，由許多相互依賴的行為者
（人與組織）組成。他們不斷地互動，也與環境（資源與條件）
不斷地互動[1]。這種不斷互動的循環，意味著新創社群是處於不
斷變化的狀態，因為系統及其組成分子一起演變。

　　行為者與因素之間的互動界定了新創社群，但這種相互連結
會帶來複雜性，因為行為者可以自由地追求個人目的，從他人的
行為與想法中學習，從而調整自己的行動與思維模式。由於行為

者缺乏整個新創社群的完整資訊，也無法綜覽整個新創社群，所以他們經常做出不完美的決策。當行為者與系統一起演變時，每個不明智的決定都在整個系統中傳播，不斷地發生，導致這種不完美的決策倍增。

不了解複雜系統如何運作，是導致新創社群錯誤百出的原因。想要影響一個緊密相連的複雜系統，需要採用截然不同的方法，不能沿用由上而下的典型孤立作法。職場、個人生活、公民生活中普遍看到這種典型的孤立作法。

複雜理論的見解可以大幅改善新創社群。複雜理論是一門跨學科的科學，可用來解釋我們周圍的物理、生物、社會、資訊網絡的動態。複雜科學的源自一九四〇年代末期數學家沃倫・韋弗（Warren Weaver）的研究[2]。一九八〇年代，隨著聖塔菲研究院的創立，一群物理學家、演變生物學家、社會科學家才正式確立並加速發展這門學問[3]。

一群個體以某種方式連結起來，久而久之衍生出一種集體的行為模式時，系統就誕生了[4]。這種協調的行為一起產生一種集體的結果，那是個體單獨運作時無法衍生的結果[5]。

一個系統中有許多這種實體，而且每個實體有不同的個體動機與集體動機，還有看似無窮無盡的連結與子系統時，系統就變

得複雜了（在我們的架構中，我們把這些實體稱為行為者）。當行為者會學習、修改行為，並對他人的行為產生反應時，一個複雜系統就會自己調適。在每一個持續演變的人類社交系統中（包括新創社群），那種行為很普遍。

系統與行為者都處於永遠一起演變的狀態。複雜系統無法排解，永遠不會結束，它會永久地展開，任務永遠沒有完結的一天。它對成功也沒有客觀的定義。

城市、金融市場、雨林、蟻群、人類大腦、地緣政治秩序、網際網路都是複雜系統。每個複雜系統都有許多動個不停的組成分子，它們之間有錯綜複雜的互動網絡，而且個別組成分子與整個系統之間是處於不斷演變的狀態。但這還只是開始而已。

浮現

複雜系統的關鍵特徵是 emergence（浮現），這個字在這裡有兩個意思。傳統上，emergence 一詞源於拉丁字詞 emergeree，意為「興起或上升，顯現，顯露」，是指形成的流程；浮現或出現[6]。

浮現也是指一種流程，在這種流程中，個別的系統組件整合起來，產生無法預測或無法完全了解的型態與價值，即便你完全

了解個別的組件亦然[7]。科學作家史蒂芬・強森（Steven Johnson）把 emergence 描述為「無法預測的創意」[8]。

浮現把複雜系統中組成分子的自主互動所衍生的價值創造及型態形成的流程加以概念化。這種互動的演變流程產生一種半組織的形式，它有非隨機及可識別的型態，與個別組件的總和截然不同，而且更有價值。獨特的屬性、組合、結果是事前無法預料的，事後也無法複製。Emergence 是一種創造的流程，在任何地方的物理、生物、社會、資訊系統中都可以看見[9]。

創業本身就是一種浮現系統，企業為實驗及學習創造條件，企業往往是與客戶共生的。一九七八年，我在麻省理工學院的博士指導教授艾瑞克・馮希貝爾（Eric von Hippel）率先提出「用戶主導的創新」這個概念[10、11]。當時，大家普遍認為，創新只會來自企業、政府、大學的研發實驗室。雖然如今還是有人這麼想，但許多領域已經證明馮希貝爾的觀點有先見之明，尤其是在資訊時代，大家普遍採用開源軟體與精實創業法就是很好的證明[12]。推特（Twitter）也是一個明顯的例子，因為該平台最熱門的三個功能——@（回覆功能）、#（標籤索引）、分享（轉發推文）——都是用戶由下而上生成的[13]。

在《新創社群》中，我描述博德市新創社群的浮現，它就是

依循這種模式。沒有人設計那個系統，它不是大學開發出來的，也不是博德市內那些聯邦政府的實驗室由上而下設計的。它是創業者由下而上塑造而成，他們是博德市新創社群的最終用戶。它是以一種中央指揮中心無法設計、規劃或執行的方式展開。

「浮現」有三個顯著的特徵：綜效整合、非線性行為、自我組織。我們將在後續幾個章節中討論這些特徵，以及複雜系統的第四個特質：動態演變。

綜效與非線性

個體元素的互動產生獨特的型態，那是浮現系統的價值來源。整個系統透過這些互動，變得比組成分子的總和還大，也與組成分子的總和截然不同。複雜系統不僅產生更多的東西而已，它創造出來的東西本質上與個別元素孤立存在時的可能變化完全不一樣。複雜系統衍生的東西稱為**綜效**（synergy）。synergy 這個字是源自希臘語 sunergos，意指「一起運作」[14]。

在新創社群中，參與者互動所衍生的綜效有價值，也有在地特有的特質。把新創社群簡化成社群的組成分子，不僅難以理解系統，也會對社群的實際狀況或其價值來源產生誤解。

綜效整合也為複雜系統帶來非線性的特質。非線性系統是指資源投入的變化與產出的變化不成比例，那可能促成一個大家樂見的概念：收益遞增，亦即東西成幾何或倍數成長。

在複雜系統中，除了資源投入與產出的變化不成比例以外，資源投入與產出往往不是直接相關。因此，行動與結果之間很難精確找到因果關係。人性先天想要握有掌控權，不想疑東疑西，所以我們會盡量去解決、了解、預測周遭的事情，即使這樣做並無法反映現實。非線性使我們當下感到困惑，但隨著時間的推移，非線性會變得更明顯。目前 COVID-19 席捲全球的速度與廣度讓許多人措手不及，無法迅速調適，就是一個明顯的例子。

博德市也是一例，二〇〇七年左右，創業活動開始集中在博德市的市中心。在那之前，博德縣有幾個地區（包括鄰近的 Superior、Louisville、Broomfield 等市鎮）已經建立傳統的辦公園區，那些園區都取了花俏的名稱，例如互環先進技術環境（Interlocken Advanced Technology Environment）。但是，那時新創社群沒有實體中心，博德市的創業密度也很低。

二〇〇七年左右，發生了幾件事。Foundry Group 創投基金搬到博德市的市中心，Techstars 在兩個街區外開了第一家加速器。兩年前聖朱利安飯店（St Julien）在附近開業，那是博德市百年

來的第一家新飯店。幾家新創企業（包括 Rally 軟體公司）搬到市中心並迅速成長。二〇〇七到二〇〇八年的全球金融危機使房東變得更靈活，因為他們缺乏傳統的租戶。這使新創企業得以在博德市的市中心聚集。科羅拉多大學博德分校的幾位教授（包括菲爾・維瑟〔Phil Weiser〕和本薩爾）一起努力接觸博德市的新創社群，定期離開校園，去市中心參加活動（那裡離校園僅五分鐘的車程）。

二〇一〇年，博德市的市中心出現一個由長十個街區、寬五個街區所組成的區域，裡面洋溢著創業的活力與活動。你在當地四處走動時，會覺得好像在大學校園內。從辦公室出去吃個飯，會在路上不斷碰到其他的創業者。博德市的創業密度大增。

對於博德市這樣的小城市，新創企業集中在市區的現象，在新創社群的發展中是非線性的。創業活動出現倍數成長，資源投入與產出的比例遠大於過往，通常是以意想不到、不可預測、令人興奮的新方式成長。整個系統無疑比組成分子的總和大得多，而且無數事情同時發生，不可能釐清因果關係──尤其是在事情展開之前。

自我組織

當系統內的許多互動衍生出更廣泛的型態時，複雜系統會自己由下而上組成有秩序的形式或半秩序的形式，而不是雜亂無章或完全隨機的形式。這個複雜系統中沒有人稱王、沒有老闆，也沒有執行長。自然界中，這種系統的例子包括魚群、鳥群、昆蟲群，那些生物接收生物及化學線索，以集體有用的方式來協調行為，而不是執行中央當局的明確命令。

在社會科學中，自我組織（self-organization）通常稱為自發秩序（spontaneous order）。在那種情況下，型態會出現，但不是以刻意或計劃的方式出現，而是出現在冪次分布的網絡架構中，裡面的少數行為者對整個系統有特別大的影響[15]。相反的，一般組織往往是採階層制度。複雜系統不能採用階層結構，也無法以階層控制，必須以一種自我組織的自發方式出現。在複雜系統中，想要強行創造東西都會失敗，因為那種東西不會讓自我組織的自然流程（顯示什麼有用、什麼沒用）發生。

非線性、回饋循環、綜效持續影響自我組織[16]。複雜系統會不斷地演變，儘管這充滿了不穩定性，但它的演變是朝向一種或多種黏性狀態發展。這種吸引的動力說明了為什麼複雜系統的變

化——尤其是結構變化——需要很長的時間週期。

新創社群是以人脈的形式組織而成，人際關係本身就會組成群集與子群集。這種組織會發生在許多面向，包括個體或其他實體扮演的角色、他們參與的活動、或他們在社群中的相對地位。系統結構往往會圍繞著有影響力的行為者發展。複雜系統中的型態不是靠中央規劃的，試圖掌控型態或強迫型態出現只會破壞系統。

動態

動態系統是不斷變化的系統。那些變化會促成更多變化，接著又會促成下一波變化。由於組成部分與整體一起演變，複雜系統一直處於轉變狀態。資源投入與產出之間除了是非線性的，還會同時改變。資源投入的變化導致產出的變化，但產出的變化也會導致資源投入的變化，因此形成一種回饋循環。回饋循環是新創社群中一股持續的力量，是複雜性與價值創造的來源。

複雜系統的調適特質，是它與其他系統截然不同的一大關鍵。以大型航空公司規劃系統時間表為例。一家航空公司有成千上萬個飛機、機場、飛行路線、機組人員需要協調，這會產生無

數多種組合。這個問題在概念上並不難，但因為可能的組合太多而變得極其繁複[17]。即便如此，我們還是可以透過「線性規劃」（linear programming）這種工程方法來解決它的「組合複雜性」[18]。

規劃航班時刻表是一個非常繁複的問題。它需要大量的演算法、運算力、專業軟體、熟練的人員，來把所有的東西組合在一起。那也需要把設備故障、天氣干擾等問題所造成的誤差範圍納入考量。這些都是很有挑戰性的問題，但它們依然屬於優化問題，最終是可以解決的，也可以重複進行。

現在想像一下，如果所有的飛行員都不願服從命令，他們全憑個人喜好決定飛機起飛的時間。接著，假設飛行員也自己決定飛行路線。有些飛行員說，他們會先飛到一個地方，接著再飛到另一個地方。假設各地的機場塔台是隨機安排抵達的班機，還有一些機場塔台是完全關閉，大家都出去喝啤酒以慶祝這場混亂。在這種情況下，演算法就完全失效了，因為無法算出解答。當系統失控時，就沒有需要解決的優化問題了。飛行員的行為使一個繁複系統變成複雜系統（甚至可能是混沌系統）。你不能用工程學與模型來解開這種「動態的複雜性」[19]。運用系統思維（亦即尋求影響力強大的人介入，以鼓勵大家合作）是唯一有效的方法[20]。

回饋延遲的現象使複雜系統變得更難因應。問題早在我們知

道之前就存在了，改進也早在我們注意到其影響之前就發生了。在知道某件事與採取新行動之間有時間延遲。幸好，麻省理工學院的傑·佛瑞斯特（Jay Forrester）在一九五〇年代開創的系統動力學領域，幫我們了解及駕馭回饋循環及時間延遲的問題[21]。

在複雜系統中，時間這個維度是一大混淆因素。過去與現在的環境對現在與未來的狀態有很大的影響——這種現象稱為「路徑依賴」（path dependency）。因此，有意義的改變可能需要很長的時間才會發生。現有的人、想法、行為會迅速吸收新變化。當改變是發生在很長一段時間內，我們很難處理這些動態。

商學教授兼系統思考者瑞奇·喬利（Rich Jolly）以幾個例子來說明這點：

人類難以理解延續很久的流程。有很長一段時間，大家並不知道美國的大峽谷是河流侵蝕出來的，那是因為大家無法理解，那麼小的水量竟然可以在很長的歲月中，塑造出那麼龐大的結構。同樣的，直到十九世紀末，達爾文才終於了解生物的演化。這有部分也是因為演化需要的時間遠比人的壽命還長[22]。

我們的祖先先天只會思考當下，因為這樣做有助於保命[23]。如果今天就有動物想吃掉你，那又何必規劃明天呢？抗拒長期思

考是人類大腦先天的生物反應 [24]。雖然許多新創社群都在尋找快速解決方案，但想要讓有意義的變革穩穩地扎根，至少需要一個世代的時間。切記，矽谷不是一蹴可幾的，而是孕育了一百多年 [25]。

二〇一二年我出版《新創社群》後，博德市與博德論點變成世界各地許多新創社群的榜樣。然而，從那時起，博德市的新創社群仍持續以飛快的速度發展。如今，二〇二〇年，這裡還是可以看到許多同樣的參與者，但二〇一二年的一些領導人已經消失了。新的領導人接替了他們的位置。當時位居主導地位的一些活動依然定期舉辦，但有些活動已經消失，新的活動出現了。

這裡舉兩個例子：科羅拉多大學博德分校與我。二〇一二年，我在博德市的曝光率很高。每個月有一天是我的「隨機日」，我會利用這天接見任何人十五分鐘。我是「Techstars 博德專案」的導師，參與「博德創業週」（Boulder Startup Week），也是「矽谷 Flatirons 活動」的固定講者，而且每月至少參加一個不同的創業活動一次。新人來博德市時，我都會盡量跟每個人見面；如果真的沒辦法見面，我也會把他介紹給博德新創社群的其他領導人。

如今我與博德新創社群的關係已經不同了。我還是有一定的曝光度，定期出現在活動中。我在網路上依然非常活躍，經常接

觸想要互動的人。然而,我親自出席的情況已大不如前,因為我在博德市的時間不到以前的三分之一。我不再推出「隨機日」(我辦「隨機日」十年後,感到筋疲力竭,決定休息一下),我參與 Techstars 的時間是花在全球 Techstars 系統上,而不是只在博德市。然而,博德新創社群比以往更強大,新一代的領導人出現了,創業密度明顯比二〇一二年還高。博德市與丹佛市之間連結密切,兩座城市的結構就像雙子星一樣[26]。新的創業者、公司、活動不斷地出現。我的行為及存在方式的改變並沒有阻礙博德新創社群的發展。事實上,我覺得,自從我放手後,它發展得更快,更令人振奮。

二〇一二年以來,科羅拉多大學博德分校與博德新創社群之間的關係也不斷演變。當時,兩者之間的主要關連是來自大學內部一個不太尋常的地方:法學院。維瑟(如今是科羅拉多州的總檢察長)與本薩爾(仍是該校法學院的教授)擔任領導者,啟動了科羅拉多大學博德分校與博德新創社群之間的關係轉變。誠如本薩爾在本書欄目中談「新創業挑戰」(NVC)時所說的,他們透過科羅拉多大學博德分校來擴展這種領導力,邀請校內的其他人來扮演領導者的角色。隨著時間的推移,科羅拉多大學博德分校的結構動態開始改變,如今博德分校與博德新創社群之間的動

態比以往更蓬勃熱絡。

互動的研究

浮現與其組成分子是源自於互動，那是複雜系統的神奇之處。把能量投注在系統組成分子之間的互動，比投注在組成分子上，影響更大。這些互動促成了浮現，那會產生意想不到的結果，也需要無法預期的方案才能創造出那些結果[27]。基於這個原因，我們可以把探究複雜系統貼切地稱為「互動的研究」[28]。

由於綜效是複雜系統創造價值的主要來源，系統中組成分子的互動才是重點。許多新創社群錯過了這個重點，他們沒有關注互動，而是關注個別的組成分子。你感覺你有進展，因為資源投入（例如資金、大學創業專案、創業加速器）的數量都在增加，一些可衡量的事情正在發生，所以你想這肯定是好事。

犯下這種思維錯誤是可以理解的，因為組成分子比互動更顯而易見，也更容易改變，這些組成分子是有形的。相反的，人類的行為、思維模式、社會規範是無形的，它們驅動著互動。為了想像這點，請把創業者、投資者、人才、資本、工作空間、其他行為者與因素想成短期是固定的。在資源已經到位的情況下，把

焦點放在促進行為者之間的互動，久而久之，你會吸引更多的資源，進入一種良性循環，新創社群的規模與活力可以擴大及發展。這會吸引更多你想追求的資源投入與產出。

很多時候，大家把創投資金的不足（無論是真的不足、還是覺得不足）視為阻礙新創社群發展的罪魁禍首。雖然資金的供需之間總是會有失衡，但一些募資計劃可以稍微改善狀況[29]。然而，根本的挑戰依然存在，抱怨也於事無補。對創業者來說，更有效的策略是專注在他能掌控的事情上：亦即針對他們一心想解決的問題，打造一個卓越的事業。

新創社群的參與者再怎麼抱怨資金不夠，也無法解決複雜系統的現實問題。過分關注資金短缺，只是把新創社群面臨的限制簡化成一個因素，但實際上，許多因素同時影響著新創社群。即使只有一個因素阻礙新創社群的發展，當你一心只想著資金不夠時，會覺得那就是罪魁禍首，而不是許多其他因素的問題。這種想法更進一步暗示，你覺得解方是來自系統之外，擺脫了社群對當前的狀況應該負起的責任。最後，那也忽略了一個現實：有投資前景的公司，往往會吸引資金前來；而不是先吸引資金之後，公司才變得有投資前景。

世界各地的許多新創社群常陷入這樣的陷阱：「只要有更多

的資金、或投資者、或創業者、或對創業感興趣的人、或⋯⋯我們就能夠⋯⋯」。與其反覆提出這種論調，不如把所有的人聚在一起，問大家這樣的問題：「我們如何以不同的方式來運用現有的資源？」波特蘭新創社群的演變就是一例。在下面的例子中，瑞克・特羅基（Rick Turoczy）說明不斷的實驗、學習，以及追蹤回饋的意願，讓波特蘭新創社群的特色得以顯現。波特蘭孵化器實驗（Portland Incubator Experiment，PIE）是特羅基在波特蘭與人共同創立的組織，它可以說是一系列意外驚喜所衍生出來的創意，這正是浮現現象的本質。

案例分享

擁抱失敗讓我們的新創孵化器更能幫助我們的新創社群

瑞克・特羅基
俄勒岡州的波特蘭
波特蘭孵化器實驗（PIE）的創辦人兼總經理

波特蘭孵化器實驗（PIE）是支持波特蘭市新創社群的專案，我們為這個專案命名時，刻意加入「實驗」這個字眼，這不是

因為我們很有創意，或想追求創新及挑戰極限。我們覺得這個字眼比較像是一種免責聲明，可以作為失敗的藉口。我們認為「波特蘭孵化器實驗」比最初的構想「數位孵化器實驗」（Digital Incubator Experiment）更好，畢竟 Digital Incubator Experiment 的縮寫 DIE 有點太病態了。

雖然 DIE 精確又敏銳地描述了多數新創企業的命運，但我們決定把焦點放在波特蘭上。幸好，後來贊助這個專案的維甘公司（Wieden+Kennedy）的共同創辦人丹・維登（Dan Wieden）喜歡派（PIE）。事實上，他非常愛吃派。

我們想讓維登喜歡我們的實驗，就像他喜歡派那樣，於是「波特蘭孵化器實驗」（PIE）這個名稱就這樣誕生了。

我們從頻頻失敗開始，並以實驗為基礎。以下是目前為止這個實驗教我們的一些事情：

- 成功不是唯一選項，失敗也是一種選擇，更是學習的機會。你應該看著情況應變。
- 創業加速器是新創社群的副產品，不要喧賓奪主，本末倒置。
- 不要把焦點放在打造社群上，而是專注在改進它。

PIE 從草創之初，就頻頻面臨失敗。換個比較討喜的説法，PIE 其實是一段充滿意外的歷程，是連串的驚喜促成的。每次失敗都激勵我們嘗試新的東西，繼續前進，或退一步思考，或

朝別的方向前進。

我們不斷從失敗中發現契機，那些契機幫我們找到為波特蘭新創社群解決問題的方法。透過嘗試、失敗、重組，一再地重複，持續發展，直到今天依然如此。

有些人害怕失敗，把失敗視為負面的東西。但我們很樂於坦承，要不是我們積極接納失敗，PIE 不會是今天的樣子。而且我們經歷的失敗實在太多了，其中有許多失敗甚至比 PIE 的概念還早出現。我們承襲了那些失敗的經驗，那些失敗為我們奠定了基礎。事實上，PIE 十幾年前就成立了，那時 PIE 的共同創辦人在新創企業任職，自己創業，也接觸其他的新創企業。

而且都失敗。

二〇〇〇年代初期的網路狂潮時期，波特蘭的新創社群中有許多失敗的公司。當時的氛圍使我們許多人繼續待在新創公司工作或保留一般正職，而不是花用我們原本應該實現的大量財富。泡沫破裂後，我們的「紙上富貴」也隨之消逝。那是一次慘烈的失敗，使我們繼續參與波特蘭新創社群，也繼續工作，我們別無選擇。

在二〇〇〇年代的中期，我創立的新創企業失敗了，顯然我身為領導者及共同創辦人都是失敗的。那次失敗是另一次學習經驗，雖然很痛苦，但它讓我明白，我不是創業的料。現在，我是企業家、解決問題的人、救火隊，但我不是創辦人，因為我

欠缺創業成功所需要的平衡，我的性格太偏頗了。

接著，不到十年後，另一個泡沫破裂了——抵押貸款經濟崩解。那導致波特蘭的許多商業空間閒置。這次經濟危機為一群創業者與新創企業提供了機會，他們可以進駐波特蘭維甘公司的全球總部，在那裡一起辦公，因為那裡有空蕩蕩的零售據點，即使他們付不起租金也沒關係。就是那個概念以及那個共同工作空間的相關討論，促成了 PIE。

不過，不是只有 PIE 成立之前的失敗促成了這個實驗，而是連串的失敗持續激勵我們改進模式。

例如，Techstars 積極在太平洋西北地區（Pacific Northwest）尋找據點時，波特蘭無法吸引 Techstars 來我們的社群。Techstars 後來決定進駐西雅圖的新創社群。在安迪・沙克（Andy Sack）和克里斯・德沃爾（Chris Devore）等人的領導下，Techstars 西雅圖分部已經變成卓越的專案，也支持許多來自波特蘭的新創企業。那次失敗帶給我們啟發，促使我們將 PIE 從一個由同行指導的共同工作空間，轉變成波特蘭風格的新創加速器專案，目的是為我們這個社群的創業者提供同行指導與專家指導。

在市場濃厚興趣的激勵下，我們開發了創業加速器諮詢事業。但我們沒有能力，也不太願意把這個專案打造成一個可擴展的營收事業。所以我們把學習成果變成開源的資源：PIE 指

南。我們覺得這樣做對我們比較有意義，對新創社群也比較有意義。每個想要打造新創加速器的人，都能獲得那些知識。

最近，我們意識到現有的新創加速器模式無法滿足社群不斷改變的需求。儘管我們採用了在其他地方似乎可行的專案與模式，但它們在波特蘭並沒有發揮同樣的效果，也沒有產生同樣大的影響。儘管它像事業一樣運作，但它無法提供社群需要的東西，所以我們決定繼續重新改造實驗。

PIE 的每次失誤與失敗都牽涉到社群。那些錯誤不見得是有形的，我們也不見得自己發現錯誤所在。但社群為 PIE 這種組織提供了誕生的架構與基礎。這些參與及維護社群的機會，鼓勵 PIE 繼續發展。

經過十幾年的努力，我深信社群或生態系統不是刻意打造出來的，你也無法管理它，你只能發現它，它是自然而然孕育出來的。你只能讓大家更注意到它的存在，持續參與，使它成為萬有引力的中心。接著，我們的任務是維護及改進它。所有的組成分子都已經存在，它們已經連在一起（有時連結比較鬆散）。

你的任務是持續改善社群，不斷地調整它，更換磨損的組件，鎖緊鬆動的螺絲，確保它一直有燃料，並以最佳的性能運作。我一再提醒自己，別興奮過頭，不要騙自己是在打造什麼東西。我只是一個想提高性能的機師，確保機器沒有漏東漏

西，避免輪子脫落罷了。就像《禪與摩托車維修的藝術》（*Zen and the Art of Motorcycle Maintenance*），想想禪與社群維護的藝術。

請注意，這不只適用於在地社群。維護一個社群需要廣泛的網絡，多種觀點，也要走出舒適圈。

你需要當啦啦隊，需要創造一個萬眾矚目的講壇，需要用擴音器說服大家相信這個社群是貨真價實的。你也需要鼓勵那些知道這個社群的人更深入地與這個社群互動。

PIE 一開始是在波特蘭推廣新創企業的平台，我們努力確保我們把所有合適的人都匯集在這裡。隨著 PIE 的發展，我們努力把 PIE 變成接觸本地新創企業的一站式門戶，讓所有對波特蘭市新創企業感興趣的人都以 PIE 作為入門的起點。現在，我們利用這個定位來持續收集資訊與資源，重新思考 PIE 需要為社群做什麼。

我們把 PIE 打造成一個由社群提供、為社群提供的資源，不求任何回報。現在離大功告成還很遙遠，但是為了社群的利益，我們會朝著永續發展的目標，持續實驗下去。

第八章

數量的迷思

新創社群的動力是來自創業成功，以及把資源回饋給下一代。成功會創造價值與無形資產，那對創業流程非常重要。成功也可以激發創業精神，使創業變成一種可行的職涯選項。把資源、知識、啟發回饋給新創社群，可維持其活力與永續性。

新創社群中的一大誤解或許是，深信一件事情做得愈多，結果愈好。尤其大家常覺得增加「資源投入」（例如投資者、人才等行為者；資金、創業方案等因素），就可以增加期望的「產出」（例如新創企業、創業者）與「結果」（例如變現出場、創造就業機會）。

由於新創社群是非線性且複雜的，「數量」思維是有缺陷的

策略。那比較適合用來思考繁複系統,而不是複雜系統。非線性、網絡化的系統是呈冪次分布動態,由少數行為者與活動(亦即異數)驅動著系統的整體價值。相反的,數量思維的假設是:驅動系統價值的是平均值,而不是異數。這是不對的,更糟的是,資源投入與產出之間不是直接相關,也不成比例。

數量的迷思充其量就只是一種迷思,毫無助益。

多多益善的迷思

我們把「數量迷思」稱為「**多多益善迷思**」(more-of-every-thing problem)。當今新創社群的挫敗與不滿大多來自於此。「多多益善迷思」是指,把太多的信心與精力放在盲目增加系統投入上,誤以為那樣做就會增加正確的產出與結果。

它的思維邏輯是這樣運作的:只要一切資源投入都多放一點,就能創造出一個蓬勃的新創社群。我們需要更多的資金、更多的創新中心、更多的加速器、更多的孵化器、更多的大學創業專案、更多的新創活動,一切都要更多。這是採用線性思維,以為只要增加關鍵投入(例如資本、人才等資源),就會增加想要的產出(新創企業)與結果(價值創造)。問題是,什麼都增加

不見得有效。

　　大量研究顯示，有一些因素使某些地區能夠持續孕育出影響力很大的企業。整體來說，最重要的因素似乎是：許多正處於創業適齡期（職涯中期）的聰明人匯集在某處，他們都想創業，並投入知識密集型產業——外加一些我們無法好好衡量的東西，例如網絡與文化[1]。

　　你可能已經發現，「多多益善腳本」中的很多因素並未出現在上述清單中，例如創投資金、研究與專利、大學創業專案、加速器與孵化器、政府創新專案[2]。此外，即使在頂尖的新創中心，新創企業與投資者的絕對數量也無法預測成果[3]。研究一再顯示，一旦考慮到人才密度等因素，上述那些因素與某地的高影響力創業活動之間並沒有顯著的關係[4]。

　　這是否意味著那些因素不重要？當然不是，它們也很重要，但光有那些因素還不夠，無法讓一個城市持續孕育出影響很大的新創企業。創業蓬勃的地區與其他地區的差異在於，它把這些因素整合到系統中，那個系統是鼓吹協作、包容、指導、創業思維的，並顯現出許多有利於創新與創業流程的其他社會、文化、行為屬性。

　　許多人把矽谷視為可以在家鄉複製的例子，卻沒有記取正確

的啟示。當初創造出矽谷的那些人，不是一開始就打算把矽谷打造成全球最創新的地區。矽谷的出現是靠他們做的事情及做事的方法塑造出來的。當時矽谷與其他地方的差別在於，由下而上的開放文化、協作，以及對當地的奉獻，而不是對個人、公司或機構的奉獻[5]。

矽谷之所以有今天的樣子，是因為它的行為、心態、環境讓創新系統有機會出現——那通常是可遇不可求的偶然，無法按表操課。其他的一切資源大多是在往後的漫漫歲月中逐漸到位，沒有中央計劃來推動一切。

多多益善迷思充滿了吸引力，這是可以理解的，因為行動是可控、有形，而且通常是即時的。什麼東西都多加一點，短期內可讓人感覺良好，因為你可以看到事情在你眼前發生。但長遠來看，除非新創社群的參與者解決了根本的社會、文化、行為障礙，否則一切只會令人失望。借用黃與霍洛維特在《雨林》中所寫的：「無法改變人類行為的創新，註定會失敗。[6]」

多多益善迷思的另一種稱法是「資源導向的新創社群發展方法」，或是「以老舊經濟方式來開創新經濟」。無論是哪個名稱，問題都一樣：以為增加關鍵的資源投入，就能以線性、可控管、可預測的方法來增加想要的產出。這種思維是把工廠的生產

方式套用在資訊經濟的新創企業上，看起來很有吸引力，但不切實際，而且效果適得其反。

在採取凡事多多益善的思維之前，應該先考慮其他的情況。有時答案是，不是凡事都多多益善，只有一些東西符合多多益善的原則。不過，更重要的是，你把某件事情做得多好。你是否充分利用了現有資源？什麼事情可以改善互動？現有的資源是否有效整合了呢？

根據我們的經驗，這些問題的答案不是來自增添更多的資源，而是來自啟動與轉變，尤其是把焦點放在文化與心態上。行為上的小改變一旦普及並持續落實，可能對未來的結果產生重大的影響。

異數比均數重要

數量導向的思維隱含著一種信念，無論是有意或無意的：新創社群的價值創造是依循常態統計分布，所以了解平均結果，即可了解一個生態系統的整體表現。然而，這種想法完全是錯的。

由於複雜系統是非線性的，它的一大特色是影響很大的罕見事件凌駕了常態統計分配的預測。它是呈厚尾分配（fat-tailed

distribution），由少量的異數驅動系統的總價值。由於創業的典型結果是失敗，整個新創社群的經濟價值是由少數的大成功驅動的，而不是依賴大量的小成功。創投業者喜歡稱之為乘冪定律（power law），也就是說，基金只要押對一家公司，其投資報酬可以完全彌補其他所有的投資失敗，而且綽綽有餘。

最終而言，有少數幾家影響力大的公司及幾位非常投入的成功創業者，遠比有數百家影響力普通的新創企業、共同工作空間、投資團體或大學創業專案更有價值。由於價值在新創社群中是不對稱的，創業大獲成功比投入資源、人力、活動的絕對數字更重要。為創業者提供一個具體的標竿，讓他們勇於追求遠大的夢想，相信自己也能完成他人眼中看似不可能的事情——這對創業者可以產生很深遠的心理效果。

由於少數幾個大成功可以抵銷許多失敗是新創社群的常態，文化規範也應該反映及支持這點。普遍的失敗更突顯出底下的重點：成功的創業者應該展現領導力，回饋下一代的創業者。

二十五年前，博德市給人一種創業風潮已經結束的感覺。雖然當地仍有幾十位創業者努力開拓新業務，但很久沒出現大型變現出場的例子。當時社群分成兩大類：一類是富裕的創業者，他們大多已經退休，或不再參與新的創業活動。另一類是年輕的創

業者，他們埋頭苦幹，但是在當地沒有同時代的榜樣。感覺大家都很忙，卻看不到回報。

然而，五年內，就有四家大型上市公司以巨資收購了六家博德市的公司，而且那四家大公司在收購後，都在博德市設立營運單位。另外，有兩家本地公司上市了，創造出約一百位新晉百萬富翁。又過了幾年，雖然幾位創辦人離開了自己創立的公司，但他們大多把一些財富拿出來投資新創企業，有些新創企業是他們以前的員工創辦的。突然間，二十五年來少數幾個大成功所孕育的創業活動，發展到一個臨界規模。

創業回饋

有人創業成功──無論是新創企業擴大規模，還是高價變現出場──對新創社群是巨大的影響。即使只有少數幾個成功的例子，也可以徹底地改變新創社群的進程。創業回饋是這些異常成功的事件對新創社群影響特別大的原因之一。

一家新創企業成功時，公司的創辦人、早期員工、在地投資者所賺到的財富，可以挹注到下一代的新創企業中。此外，由於創辦人、管理者、員工都有成功的新創經驗，經歷過擴大規模的

活動，本地人才的經驗得以累積與精進。勞力市場對技術、管理、專業人才的需求持續成長，吸引外來人才變得更容易。隨著經濟的成長，出現更多的高薪職缺，可以支持在地的服務業及創意業更蓬勃發展。

許多創業生態系統忽視特別成功的創業故事，但那些故事可以讓大家對成功的信念變得更具體，儘管創業回饋很難量化。成功對新創社群的心理很重要，尤其是在那些從未經歷過成功、抱著「這裡不可能發生」的態度，或通常有巨大的結構性障礙與限制的地方。

創業者兼投資者克里斯・施羅德（Chris Schroeder）在二〇一三年出版的《創業崛起：趨造中東的創業革命》（*Startup Rising: The Entrepreneurial Revolution Remaking the Middle East*）一書中闡述了這點。在中東，改變心態特別困難，因為裙帶關係及傳統的成功途徑已經在當地社會的心理中根深柢固，那甚至還有一種專門的說法：wasta。在那本書中，施羅德把 wasta 描述為「一種對偏愛的對象或群體展現的偏袒行為，完全不考慮其資格……文化上，如此衍生的淨效應是大家普遍覺得做生意只能靠關係。[7]」換句話說，只有關係良好的人能夠發展。想像一下，那對一般人的創業雄心有多大的負面影響。幸好，中東的創業者正開始挑戰

這種傳統[8]。

創業是一種邊做邊學的過程，創業過的人有一套無法從課堂或書本中充分學習的經驗。向經驗豐富的創業者請益，對有抱負的創業新手來說很有價值。學術研究也證實了連續創業者擁有生產力優勢，因為你在一個事業所累積的知識可以沿用到下一個事業[9]。創業成功需要回饋給下一代的新創企業，這有很多管道。例如，導師、顧問、演講者、董事、連續創業者、新創企業的員工都可以把他們的資本、精力、知識、時間投入社群中的新創企業。

成功的創業者，只要方法正確，往往可以成為最好的新創社群領袖。他們不僅是財富、知識、才能、專業技能的來源，也是有抱負的創業新手可以仿效的榜樣。問題在於他們是否願意參與，以及決定如何參與。

我們應該鼓勵創業成功的人繼續接觸社群中的下一代新創企業。不要把資本、知識、靈感帶到海灘（至少不要永遠待在海灘），而是繼續參與社群，幫助下一代的創業者。即使你以前創業時沒人幫你，也請你幫助下一代。努力讓社群變得比你以前創業時更好。努力讓那些追隨你的腳步創業的新人，走得比你更順遂。

領導人是超級節點

目前為止，我們只強調那些特別成功的異類公司，但他們背後的人更重要。公司來來去去，只有人長留下來。

創業領袖是把一切因素匯集在一起的關鍵，他們為社群奠定基調。新創社群的參與者——尤其是其他創業者——會從領導者的身上尋找行為、活動、態度方面的線索。一個新創社群缺乏合適的創業領袖時，就無法以有意義的形式存在。

領導者是新創社群的典範，長期為社群展現出值得仿效的標準、行為、態度。如果你想要迅速簡單地判斷一個新創社群的文化，只要看它的領導者就夠了。那會讓你馬上知道那個新創社群的現狀與常態。

北卡羅來納大學的瑪麗安・費德曼（Maryann Feldman）和泰德・佐勒（Ted Zoller）對交易大亨（dealmaker）做了研究，並提出令人信服的證據。他們把交易大亨定義為人脈亨通、有深厚的創業經驗、很照顧新創企業、擁有寶貴社會資本的人。這些交易大亨擅長穿針引線，搓合交易，引薦賢俊，塑造人脈，促進資源流動，是新創社群的主幹。費德曼與佐勒發現，相較於新創企業與投資者的數量，這些交易大亨的密度以及他們之間的連結，更

能預測新創企業的成功率以及在地新創社群的蓬勃度 [10]。換句話說，關鍵人物的緊密相連比資源投入的規模更重要。

在後續的研究中，費德曼與佐勒及其他的共同研究者發現，與交易大亨保持連結的新創企業，因此獲得相關的人脈與社會資本，後來的事業績效有顯著的提升 [11]。研究人員把這些公司的績效提升歸因於他們與交易大亨培養的關係。

這項研究顯示，在地人脈的力量（尤其是那些接觸許多新創企業的在地領袖）比新創企業與投資者的綜合指標更能預測新創企業的結果 [12]。相較於更多的創業者或投資者，人脈圈的個體素質與凝聚力對在地新創社群的成功更重要。全球創業網絡（Global Entrepreneurship Network）領導的一個研究聯盟，在全球幾個城市中也得出類似的結論 [13]。

人脈的素質比規模更重要。雖然 LinkedIn、Facebook、Twitter 等社群網路的現象促成及強化了一種觀點：你在社交圈中擁有的連結（或追隨者）的數量，是決定你在社交圈中的價值的主要因素，但事實並非如此。其實，那有一個簡單的公式：

價值 ＝ 連結數 × 連接之間交流的資訊價值

人脈少的人，即使他們之間交流的資訊很有價值，他們對新創社群也沒有多大的影響。人脈廣的人，但他們之間交流的資訊沒什麼價值，他們對新創社群也沒有多大的影響。事實上，他們可能還有害。對新創社群來說，人脈普通、交流資訊的價值也普通的人，可能比前兩種人更重要。人脈亨通且交流資訊很寶貴的人，對新創社群來說是不可或缺的。

我們把那些高價值的參與者稱為新創社群的超級節點，因為他們在人脈圖譜上的節點遠大於其他節點。這些超級節點對新創社群非常重要。

過去十年的大部分時間，Endeavor 一直在研究世界各地新創社群的人脈。他們的結論是，一個城市的重要影響人物是成功的創業者時（有擴大公司規模的經驗），當地企業發展成高成長公司或擴大規模的機率，比規模相當但沒有創業者成為重要影響人物的城市更高[14]。世界銀行的研究也得出類似的結論[15]。

黃與霍洛維特在《雨林》中把這些重要影響人物稱為「關鍵者」。在生態學中，關鍵物種是影響生態系統中許多其他生物的物種。這些關鍵物種對生態系統非常重要，它們一旦消失，生態系統也會徹底改變。

黃與霍洛維特指出，在創業生態系統中，關鍵物種扮演的重

要角色涵蓋多個官方職位。這些人有整合力，他們跨越邊界去引薦大家認識。他們很有影響力，善於訴諸大家的長期利益與非經濟的動機，可以讓事情發生。黃與霍洛維特強調關鍵者的重要性：

關鍵者是雨林的組成關鍵。沒有他們，許多雨林可能難以為繼，甚至消亡……在無法產生大量創業創新的地區，通常看不到這種人或人數太少。

同樣的，丹恩・席諾（Dan Senor）與掃羅・辛格（Saul Singer）在二〇〇九年出版的《創業之國以色列》（*Start-up Nation: The Story of Israel's Economic Miracle*）一書中，把 bitzu'ism 描寫成以色列創業動力的核心。在希伯來語中，bitzu 'ist 大致上可譯為積極的實用主義者——亦即知道怎麼完成任務的人。

交易大亨、超級節點、關鍵者、bitzu ist 都是指同一種人：新創社群的領導者。注意，這裡我們是指一些個體，而不是「唯一個體」，因為健全的新創社群有多位領導者。而且，隨著新創社群的發展，領導者的數量應該會跟著演變。積極、投入的創業領袖，對新創社群的長期健全發展與成功非常重要。

創業回饋如何加速
印第安納波利斯的新創社群

史考特・多西（Scott Dorsey）

印第安那州的印第安納波利斯

ExactTarget 共同創辦人；

High Alpha 共同創辦人及管理合夥人

二〇〇〇年十二月，我與克里斯・巴戈特（Chris Baggott）、彼得・麥考米克（Peter McCormick）合創了 ExactTarget，目標是讓行銷人員進入數位世界。當時成功的機率並不高，網路泡沫剛破滅，資金不再流向新創企業。我們是第一次投身科技創業，但沒有科技技能，而且又是在印第安那州的印第安納波利斯創立這家公司，只能祈求好運降臨。

當時，印第安納波利斯在科技界的成就很有限。軟藝公司（Software Artistry）是在地的成功典範。一九九五年上市後，員工增至三百人，最後於一九九八年初以兩億美元左右的價格賣給了 IBM。阻礙本地科技業發展的問題包括兩個相互競爭的科技協會、這裡與主要的科技中心缺乏連結等等。我們有一個舊機場，沒有直達西岸的航班。這個地區甚至沒有實行夏令時間，也就是說，我們總是與全美的其他地區不同步。

儘管有這些挑戰，印第安納波利斯還是有不錯的競爭優勢。這裡的社群已經準備好進一步發展，我們把公司搬到市中心，在市中心的核心地帶（名為「紀念碑圈」）站穩了根基。我們充分利用在地大學的大量人才，包括印第安納大學、普渡大學、聖母大學、巴特勒大學等等。政府高層也以許多方法支持我們，例如，推動立法改革及推出經濟發展獎勵，以幫我們快速成長，創造高薪的工作機會。我們從既有的資源中吸收了最多的效益，也在過程中創造了其他資源。

ExactTarget 克服了許多挑戰，創造出很多成果，中間我們也成功上市了，並以高價變現出場。我們在印第安納波利斯創造了一千五百個以上的高科技工作，證明了任何地方都可以創立可擴展的科技公司。我們也證明了公司開發及社群打造是可以同時進行的。培養人才網絡、與大學及政府的領導人合作、證明什麼是可能的，是讓創業飛輪在新創社群中啟動的要素。一旦有了成果奠定基礎，更多的成功也會接踵而至。最重要的是，對新創社群的長期活力來說，成功之後的行動與成功本身一樣重要。

▌發展公司的同時，也打造社群

在 ExactTarget 的草創時期，募資非常困難。我們幾個共同創辦人一起投入兩萬五千美元，從親友又募了二十萬美元。最初的資本結構表（cap table）上幾乎都是親友與鄰居投資五千到兩萬五千美元的金額。我們鼓勵大家小額投資，以免投資化為

烏有時，不僅賠了事業，也得罪親友。後來發現，最初投資五千美元並持有股份直到 Salesforce 收購 ExactTarget 的人，最後獲利超過一百萬美元！

我們第一次出現重大的融資突破，是知名投資者兼創業者鮑勃‧康普頓（Bob Compton）答應主導總值一百萬美元的天使輪募資，並擔任我們的董事長。康普頓曾是軟藝公司的董事長，他了解回饋下一代創業者的重要（這點一直激勵我們到現在）。我們很幸運能吸收他的經驗與智慧，募資變得更好掌控。隨後，我們從 Insight 創投基金獲得了首輪融資，從 Battery、TCV、Scale 等知名公司獲得了後續幾輪的融資。這些沿岸的投資者為我們的公司與社群帶來了巨大的價值，他們也逐漸愛上印第安納波利斯與中西部地區。

人才變成推動 ExactTarget 前進的引擎。我們設計了一套非常與眾不同的實習方案以及大學畢業生的就業方案，以吸引最聰明的年輕人加入我們。我們的管理團隊經過多年的精心組建，非常重視文化與中西部的價值觀。我們常加入一位來自其他城市的高管，他們往往在就任後愛上印第安納波利斯，最終全家都搬來這裡。我們為社群增加新的就業機會與人才，這點令我們相當自豪。

企業文化是我們的祕密武器。我們從一家在印第安納波利斯只有幾位員工的小公司，發展成全球有兩千多位員工的大企業。那需要一個文化架構來代表我們的核心價值觀，也為我們創造

集體身分與團隊合作。我們的品牌顏色是橙色。合作夥伴、客戶、潛在客戶總是說我們的員工非常積極正面，對於服務行銷人員充滿了活力與熱情。我們的座右銘「Be Orange」迅速成為串連各地團隊的共同信念，從印第安納波利斯的總部，到西雅圖、舊金山、倫敦、巴黎、雪梨、聖保羅等世界各地的分公司，大家有志一同。

我們的年度用戶大會 Connections 已經變成企業文化的一部分。每年吸引數千位行銷人員前來印第安納波利斯是一種策略，也令我們感到驕傲。大家建議我們把大會搬到紐約或拉斯維加斯舉行時，我們不願那樣做，並設法以充滿創意的方式在印第安納波利斯舉辦。在本地舉辦大會，可以邀請所有的員工參與，讓他們有機會會見客戶與合作夥伴，聆聽理查‧布蘭森爵士（Richard Branson）、康朵麗莎‧萊斯博士（Condoleezza Rice）等名人的動人演講，欣賞 Train、Imagine Dragons 等樂團的演唱會。我們因此獲得了許多支持，可見為我們的城市創造正面的經濟發展效應是值得的。當客戶說他們「以加入 Orange 為榮」時，我們知道我們提供的經驗符合我們的文化與社群。

當你覺得自己獲得社群的支持時，回饋就變得很容易。我們的員工積極推動高尚的志工精神。當我們用創辦人及早期投資者的「上市前股份」來創辦 ExactTarget 基金會時，我們也擴大了影響力。我們選擇了三個符合我們的熱情及企業文化的捐助

主題：教育、創業、渴望。Salesforce 收購 ExactTarget 後，我們把基金會更名為 Nextech，並決定加倍捐款贊助電腦科學教育。我們與 Code.org 合作，把印第安那州的數百所學校帶進了數位時代。我們激勵了成千上萬名學生上電腦課，學程式設計，把科技當成職涯方向。印第安那州如今在電腦教育方面是美國的佼佼者。

上市從來不是我們的目標。但隨著時間的推移，上市顯然有助於提升我們在大企業客戶眼中的品牌地位，幫我們善用事業，也加速成長。我們第一次嘗試上市時，效果不太好。二〇〇七年十二月我們申請上市，剛好在金融危機爆發的前夕！金融危機導致 IPO 市場枯竭，那時上市只會為我們帶來上市公司的負擔，但得不到上市的好處。二〇〇九年初，我們撤銷了上市申請，改從外部募資。我們的內部口號是「比上市更好」，當時我們處處都需要 Orange 文化與領導力來維持整家公司的專注及向前邁進。為了敞開溝通管道，我開始對全公司發送電郵，名為「多西的週五信」。在接下來的五年半期間，每週我都會發一封，從未錯過。

幸好，二〇一二年三月二十二日，我們確實在紐約證交所上市了。敲響開盤鐘，以及上 CNBC 接受吉姆・克瑞莫（Jim Cramer）的直播訪問，都是令人難忘的經驗。市場大幅超額認購我們的股票，我們的發行價是每股十九美元，第一天的收盤價超過二十五美元，使我們的市值突破十億美元。這是史上

規模最大的 SaaS（注：Software as a Service 的縮寫，亦即「軟體即服務」，或譯「隨需即用軟體」，這種軟體只需透過網路，不須經過傳統的安裝步驟即可使用）上市之一。我們把紐約證交所變成了橙色。那天每個交易員都穿著橙色外套，我們也在交易所內鋪上橙色地毯。那次上市體驗中最棒的部分是，我們為信任我們的員工、投資者、社群創造了價值。

變成上市公司後，日子過得很順利。我們最初四季的業績超出了華爾街的預期，每年營收持續成長四〇％以上。雲端服務的大型業者開始意識到，IT 資金正轉向行銷，他們需要一個像我們這樣的平台來大規模管理資料，推動跨通路的行銷活動，以及滿足數位行銷人員的需求。Salesforce 收購我們之前，我們是合作多年的夥伴，甚至在 App Exchange 出現之前就與他們的平台整合了。馬克・貝尼奧夫（Marc Benioff，Salesforce 的董事長、共同執行長與創辦人）和他們的團隊先提出收購的想法，並向我們提出一個非常有吸引力的合作願景。經過幾個月的協商後，我們同意讓 Salesforce 以超過二十五億美元的價格收購，並於二〇一三年六月四日宣布收購的消息。這對我們的股東、員工、顧客、合作夥伴、社群來說都是一個巨大的成果。

▌加倍投資印第安納波利斯：培育下一代

出售 ExactTarget 當然是有苦有樂的決定。過程中，我希望我們最終加入一個進步的軟體領導業者，希望它能繼續投資我們的人才、產品與社群。Salesforce 已經實現了這些，甚至做得

更多！他們在印第安納波利斯增加了近一千個工作，透過 Salesforce 基金會投資印第安納波利斯市，甚至幫忙塑造了印第安那州的社會與公共政策。如今，印第安納波利斯是 Salesforce 在全球的第二大據點，規模僅次於舊金山的總部。現在印第安那州最高的建築稱為 Salesforce 大樓（Salesforce Tower），它永遠把我們的城市塑造成一個科技社群！

如今的印第安納波利斯看起來與我們剛創立 ExactTarget 時大不相同。我們有一個充滿活力的機場，過去八年間那裡被評選為北美最好的機場，每天有好幾次直飛舊金山及其他西岸城市的航班。我們現在也採行日光節約時間，感覺與美國的其他地方更同步了。印第安納波利斯的市中心正蓬勃發展，每年都有無數的新餐廳開張，每個角落似乎都有新的住房正在興建。大量的千禧世代與空巢老人也搬進了市中心。

我們的科技新創社群正蓬勃發展。科技工作者與創業者不分成就高低，都會透過投資、指導、創立新公司來回饋社群。這裡隨處可見科技共同工作空間。史蒂芬・凱斯（Steve Case）與他的 Rise of the Rest 創投團隊來印第安納波利斯考察，已經做了幾筆投資。印第安那州成立一個名叫「Next Level Indiana」的基金，共有二・五億美元的資金，以吸引更多的創投業者前來，幫這裡的新創企業變成成長企業。這裡的科技加速器／協會名為 Techpoint，正迅速成長，並透過大規模的人才收購專案來增添價值。總部位於沿岸的大型科技公司也紛

紛湧到印第安納波利斯來開設分公司。我創立的下一個新創企業是 High Alpha，那是我與邁克・菲茲傑拉德（Mike Fitzgerald）、艾瑞克・托拜西（Eric Tobias）、克利斯欽・安德森（Kristian Anderson）一起創立的創投工作室，目的是為了回饋社群，擴大下一代雲端運算公司的規模。我們利用過往的經驗，開創一種新的創業模式，以結合公司創立（High Alpha Studio）與創投基金（High Alpha Capital）。我們的核心要務是擔任「媒人」，搓合才華橫溢的創辦人（其中有很多人是以前 ExactTarget 的同事）、卓越創意、資金，以打造突破性的 SaaS 公司。High Alpha 平台讓我們有機會指導下一代的本地創業者。這個事業成功的話，可能發揮比 ExactTarget 更大的影響力。

許多以前 ExactTarget 的夥伴都投入了時間、精力、經驗、資金，以幫忙打造未來的公司。前輩為我們樹立了好榜樣，我們也希望在社群中發揮持久的影響力，不是只讓公司上市或變現出場而已。持續成長的突破性科技社群，需要創業者在創建公司的同時也打造社群。他們致力利用自己的經驗與資源，在未來開創更大的成果。

每個創業者都夢想打造一個比自己更大的事業。我們非常幸運，正好在恰當的時機出現在恰當的地方。我們乘著 SaaS 與數位行銷的風潮而起，並與社群連結在一起。創業者、投資者、大學、政府在那個社群中一起創造持久的進步。我希望你也那樣做，而且做得更大更好！

第九章

控制的錯覺

新創社群可以受到引導及影響，但無法掌控。 新創社群不該由上而下打造，而是應該塑造適當的條件，讓它由下而上自然地生成。你花心思去掌控新創社群的人才、活動、資訊，充其量只是白忙一場，更糟的是，還可能造成破壞。

複雜系統令人費解，但它就是因為令人費解，才那麼有價值。這就是挑戰所在：人類大腦先天喜歡無所不知、無所不管的安全感。我們想要相信，我們完全了解周遭正在發生的事情，我們可以運用技能來解決挑戰，我們可以掌握自己的命運。

人類先天渴望成為自己命運的主宰，更糟的是，階層管理系統已經在我們的文化中根深柢固，代代相傳已久。科學管理是一

個多世紀以前由效率顧問兼實業家弗雷德里克・溫斯洛・泰勒（Frederick Winslow Taylor）開發出來的。這門學問主張專業化、嚴格控制生產、由上而下的管理[1]，後來大家稱之為「泰勒主義」（Taylorism）。它在工業時代興起，二戰後開始壯大，影響延續至今。

泰勒主義是繁複思維的精髓，「宇宙主宰」（Masters of the Universe）症候群也是繁複思維的精髓[2]。但我們是生活在一個日益複雜的世界裡，而不是繁複的世界裡。所以，這些理論不僅已不敷使用，甚至還有害。控制的錯覺就只是一種幻覺罷了。

不可控

無盡的相互連結、回饋循環、無限的可能結果、不斷的演變、分散的網絡結構等等因素，使複雜系統根本不可能控制。複雜系統只能受到引導與影響。創業者憑直覺就明白這點，因為新創企業在草創時期就是一個複雜系統。

如果你有養育孩子的經驗，你憑直覺也能了解複雜系統。父母不該試圖掌控孩子生活的每個面向，因為那是不可能辦到的。你試圖掌控時，可能產生適得其反的效果，甚至造成傷害。一個

比較好的作法是，在孩子年紀合適的時候，由父母引導孩子為自己做更好的選擇。

經濟學家大衛・科蘭德（David Colander）和物理學家羅蘭・庫珀斯（Roland Kupers）在著作《複雜性與公共政策的藝術》（*Complexity and the Art of Public Policy: Solving Society's Problems from the Bottom Up*）中，探討把複雜思維實際套用在社會與治理上：

有一種親子教養方法，是為孩子制定一套明確的規則。如果那些規則是正確的，孩子也遵守規則了，假設父母知道什麼是最好的，孩子的福祉應該會增加，這就是理想化的「掌控式」親子教養。

這種方法有兩個問題：第一，家長大多不確定哪些規則是正確的。如果他們選錯了規則，孩子的福祉並不會增加。第二，孩子可能不會遵守規則。

「掌控式」親子教養的真正替代方案，是我們主張的「複雜式」親子教養法，那是一種自由放任的方式，盡可能不要直接制定嚴格的規則，而是提出一套指導方針。你有意識地去影響孩子的發展，讓他盡可能變成最好的人……

「複雜式」親子教養的重點，在於建立自願的指導方針以及提供正面的榜樣，而不是制訂規則[3]。

撫養多個孩子時更是如此。以同樣的方式養育每個孩子，並期望得到同樣的結果，是徒勞的，因為每個孩子都不一樣。

我們無法控制複雜系統，它是無法預測、設計或複製的。以矽谷為例，矽谷的誕生不是靠中央當局精心規劃，再完美地執行，而是一個醞釀已久的環境孕育出來的。那個環境讓一種良性的創業體系在經歷長期的醞釀後，自然而然地出現。如今，即使是矽谷本身，也無法再複製出一個一模一樣的分身。

在薩克瑟尼安的著作《區域優勢》中，她比較兩大新創社群及其演變的過程。一九九〇年代，矽谷的新創社群蓬勃發展，但麻州的新創社群（當時以一二八號公路為中心）卻停滯不前。儘管造成這種情況的原因很多，但這兩個地區的文化規範是一大明顯的因素。矽谷是分散、流動、由下而上的文化，建立在隨性的西岸氛圍上。相反的，一二八號公路是一種受到控制、由上而下的文化，反映了新英格蘭區的保守主義。當然，一九九〇年代中期以來，矽谷與波士頓都有顯著的演變，所以重新做一次研究的時候可能到了。

二〇〇七年到二〇一二年間，博德市的新創社群發展時，沒有人試圖去控制它。誠如「博德論點」所示，當時的情況正好和一九九〇年代相反。一九九〇年代，科羅拉多大學博德分校和博

德市的創投業者都想掌控新創社群，都想擔任博德市的守門人。守門人不僅沒有成為複雜系統的資源，還扼殺了新創社群的成長與發展。後來，二○○七年到二○一二年間，維瑟與本薩爾領導的「矽谷 Flatirons」組織對博德市的新創社群產生了巨大的正面影響。

價值觀 & 美德

別濫用權力

新創社群的參與者往往比新創企業擁有更多的資源。這些參與者把持著新創企業蓬勃發展所需的許多重要資源，所以可以對新創企業產生很大的影響。

在健全的新創社群中，參與者會善用那些力量來做好事，以幫助創業者，即使那樣做可能與他們的短期利益相悖也在所不惜。信任是新創社群的必要條件，信任很難建立，但很容易破壞。最終，對新創企業最好的事情，也對整個新創社群最好。

不完全可知

　　在複雜系統中，結果無法預知，預測往往是錯的。任何時間點的知識都是有限的，這導致由上而下的預測架構無效或甚至有害。預測往往是無用的。

　　想像某個創業社群是位於五十萬人口的城市裡。它的三大參與者——大學、某個專注於創業發展的非營利組織（附設一個共同工作空間），市府——聯合起來研究他們該做什麼以改善新創社群。他們聘請一家顧問公司來做研究報告，並以其他規模相近、但發展更快的新創社群為標竿。顧問公司的研究顯示大量的資料與分析，有些資料對這家試圖掌控新創社群的非營利組織很重要。此外，顧問公司也指出，這三大組織的領導高層中，女性與少數族裔的比例明顯太低，不符合該市的民眾及新興創業族群中的比例。那三大參與者對此意見感到很不滿，尤其是那個非營利組織。他們希望顧問公司重寫報告中的那些部分，以更正面的方式來描述它們。

　　那些參與者沒有運用顧問公司提供的資料來促進改變，而是想用資料來強化他們想要的觀點。在這個例子中，他們遭到批評時，就展現防禦姿態，不管那批評是否有建設性。一旦他們無法

掌控事情（尤其是意見回饋與訊息），他們就不想聽。試想，如果他們不是以防禦心態面對意見，而是試著更了解情況以及改善他們對創業者的支援，整個事情的發展會有多大的不同。

面對不確定的結果，新創社群的打造需要靠團隊合作，最好是由一群觀點、才華、背景各不相同的人一起來完成。線性思維的人會積極迴避多元性，因為多元性使預測模型難以校準及維持。但多元性對複雜系統非常重要，因為它能培養彈性，產生不同的結果[4]。接納每個人的新創社群可以培養感情，建立信任，激發創新點子，做出更好的決定，創造更令人振奮的結果。

接下來，考慮新創社群參與者的年齡。想像底下的情況：每個人都超過五十歲，根據他們過去三十年或更長的職業經驗來做判斷。相反的，想像另一種情況：每個人都不到二十五歲，根據過去五年或更少的職業經驗來做判斷。在複雜系統中，一個涵蓋各年齡層的社群可以產生更多元的想法，那會激發出更有趣的結果。

現在，以性別、族裔、性偏好、教育、工作、地理背景或其他特徵來取代上述的年齡。這種情況下，追求多元性是為了生存，而不單只是為了追求公平，或只是為了做做樣子而已。

回饋與傳染

　　複雜系統常讓行為者接觸新創意、新資訊、新關係。回饋循環會促成許多行動與反應。那些行動與反應又會激發更多的反應與調適。複雜系統受到這些回饋循環的影響，有的影響由下而上，有的影響由上而下。

　　由下而上的因素決定了系統，它會影響個別的行為者與互動，而且反覆發生。資本市場就是典型的例子。個別交易者的行為決定了整體動態（價格、波動性、成交量），同時，市場行為也會影響每個交易者。同樣的，個別的駕駛人決定一個城市（如羅馬、紐約或拉哥斯）的交通型態，每個城市的交通壅塞情況也會影響每個駕駛人的行為。有時因果關係顯而易見，但多數情況並非如此，即使事後回顧也不見得看得出來。

　　傳染是一種相關的概念。行為、想法、資訊在密切相連的系統中可以迅速傳播。金融危機、疫情爆發等等是有害的傳染例子。但正面的傳染是提高報酬的驅動因素，所有的網絡系統都有正面的傳播，把實用的想法與行為傳給他人。

　　傳染對新創社群可能是有益的，也可能是有害的。健全的新創社群採納及傳播有益的行為與想法，尤其是那些加強、擴大或

加速互助社群、知識共享社群、協作社群的行為與想法。同樣的，健全的新創社群也會辨識、指出、阻止那些不道德或破壞性的行為。回饋循環會強化有益的行為，同時消除糟糕的行為。

注意，我們談的是行為，而不是結果。一種改善新創社群的高效策略是，仔細培養並廣泛傳播有益的行為與想法——創造一種正面的傳播。

以博德市為例，Techstars 的博德加速器放大了當地創業者所採用的「#先付出」原則。「先付出再求回報」的態度有很強的感染力，創業者常不遺餘力地幫助其他的創業者。敞開心胸詢問「我能幫什麼忙？」變成新創社群的文化常態。一些人搬來博德市後常驚訝地發現，認識在地人及融入新創社群非常輕鬆。他們很快就變成新創社群的一分子，也跟大夥兒一樣歡迎新來者。他們與同鄉的朋友聊起博德市時，總是對博德市及這種「先付出再求回報」的動態讚不絕口。

掙脫低迷

新創社群轉變的 J 曲線顯示，社群可能陷入一種低迷狀態，難以掙脫[5]。這種狀態下，績效低落，如果持續下去，新創社群

新創社群轉變的 J 曲線

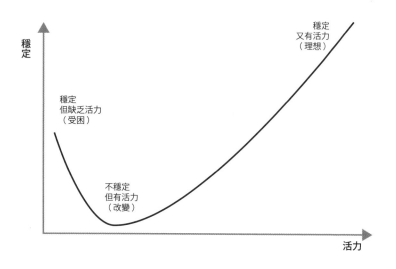

將一直陷在要死不活的狀態。為了達到更有活力、更持久的狀態，低迷的新創社群必須經歷一個比較動盪的過渡期。這種轉變很痛苦，卻是必要的。

新創社群可以嘗試大膽的新想法，藉此導入一些不穩定性。那些計劃可能導致一再失敗，混淆事情，考驗參與者的極限，迫使他們改變。這種轉變會讓許多人感到不安，因為它直接質疑強大的老字號業者、既得利益者、掌控權力的中介者、以及陳舊但令人放心的思維與行為方式。

這種轉變可以讓社群變成納西姆・尼可拉斯・塔雷伯（Nassim Nicholas Taleb）所謂的「反脆弱」（antifragile）[6]。脆弱的系統很容易受創、受損，或容易受到壓力、隨機性、失敗的影響。反脆弱系統會強化其能力，並在衝擊、破壞、混亂中成長茁壯。官僚是脆弱的，創業者是反脆弱的。華爾街、企業員工、債務、學者、柏拉圖是脆弱的。相對的，矽谷、創投、藝術家、尼采是反脆弱的[7]。健全新創社群的領導者會尋求一定程度的隨機性與顛覆性，因為這樣才能產生重要的學習效果。反脆弱系統藉由這些刺激而變得更強大。為了迴避變革而打造出來的社群是脆弱的，它們不是為了長久經營而打造，久而久之會變得陳腐或停滯不前，終至消亡。

新創社群轉變的 J 曲線是一種持續的流程，因為新創社群是在一個生命週期中展開。新創社群會持續發展到一個更有活力的狀態（或陷入不太有活力的狀態），其間穿插了許多挫折與受困期。

沒有人知道哪些創意點子最終是正確的。抱著開放的同理心態進入一個試誤的流程，你可以嘗試很多事情，直到你弄清楚什麼有效、什麼無效。徹底的包容是有益的，因為最好的創意點子往往來自意想不到的地方。許多方法都會失敗，但只要有一個好

新創社群轉變的 J 曲線 vs. 整個生命週期

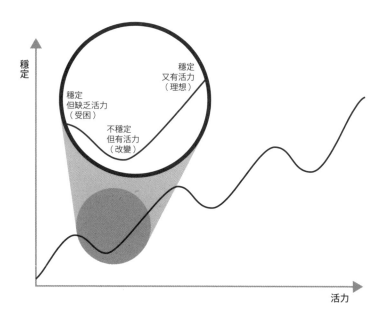

點子，就可以永遠改變新創社群的發展軌跡。

放手

　　一個行為者主導新創社群時，就會出現單一節點問題，這個人會變成資源與人際關係的守門人。當這個單一節點是參與者時，就會變成一大挑戰。如果它是一個直接支援新創企業的組織

（例如加速器、孵化器或共同工作空間），這會變得特別棘手。

即使單一的主導節點對新創社群有正面影響（例如某位相信「＃先付出」的連續創業者，而且他把創業社群的需求放在個人目的之前），這也不是長久之道。畢竟，人的壽命有限，來來去去，也可能精疲力竭。這個單一節點應該想辦法培養新創社群的下一代領導者，逐漸交棒。必要時，甚至需要突然交接。

接受「一切不在你的掌握中」是新創社群的參與者最有力的行動方式。管理學教授兼系統思考家瑞克・納森（Rick Nason）說得好：

> 人性先天想要相信一個繁複的世界，因為繁複的事物有明確的定義。當我們掌控這種世界時，會覺得自己很聰明，覺得自己不可或缺，或許最重要的是，它讓我們覺得一切都在自己的掌控中……

> 人性先天渴望秩序，偏偏複雜的問題往往是混亂的，它們不像繁複的問題有簡潔的解方。繁複思維認為，解方愈簡潔愈好，我們喜歡井井有條的東西。繁複系統充滿了吸引力，它讓我們覺得自己很聰明，不可或缺，有價值。繁複系統讓我們誤以為運氣或機緣巧合對我們的成就只有一點加分效果，我們的成就幾乎都

是靠個人實力與努力掙得的。

人性之所以想要抱持繁複思維，最重要的動機也許是對「一切不受控制」的恐懼，以及那種恐懼對自尊與自我價值感的影響。複雜的特質（比如浮現）是在「無領導」下發展出來的。我們的自尊難以接受自己不是領導者的狀況，可能因此產生冒名頂替症候群（imposter syndrome）。有意或無意地假設商業界是繁複的，可以避免自知之明、自信等問題[8]。

你需要放下「掌控一切」的錯覺。試圖控制複雜系統是徒勞的，那就像對它強行套上繁複思維一樣，是行不通的。

案例分享

猶他大學的學生創業指南

特羅伊・丹布羅修（Troy D'Ambrosio）
猶他州的鹽湖城
猶他大學拉松德創業中心的執行董事

我們在猶他大學創立拉松德創業中心（Lassonde Entrepreneur Institute）時，有一個明確的願景：歡迎所有想要冒險及邊做邊學的學生。我們認為有效做到這點的關鍵，是凡事都以學生

為重。我們的成功關鍵可以總結為四個字:「放開控制。」

讓學生負責(幾乎)所有的事情。 我們與一百五十多位學生領袖一起經營創業專案,他們負責找出及創作內容、編寫程式、管理預算、分配資源。我們最重要的兩項專案是學生提出的想法:一個原型基金(「種子基金」方案)與一個為創業學生提供的大型社群空間(「拉松德工作室」)。結果是我們打造了一個極其多元的學生創業社群,幾乎涵蓋了校園裡的每個系所,從大一新生到博士生都有。艾可利斯商學院(David Eccles School of Business)的院長泰勒・藍道爾(Taylor Randall)表示:「放開掌控,讓學生負責,是拉松德創業中心成功的祕訣。」

聆聽創業學生的意見。 透過那些學生領袖,我們與數百家學生創立的公司建立了直接、持續、真實的聯繫管道。一個學生幫另一個學生尋找資源、解決問題、接觸專家時,就會從活躍的創業者創造出一個即時的回饋循環。學生厭倦了上課,擅長上網尋找及學習東西。他們最喜歡的學習形式是動態的──他們想做事情,創作東西。

我們開發拉松德工作室時,與數百位創業學生開會討論,最後我們得出增設住宅單位的概念。拉松德工作室結合了四百張床位的宿舍以及兩萬平方英尺(562 坪)的創新空間,是專為創業學生設計的。這些學生認為他們需要一個二十四小時的空間,因為:(1)他們深夜與週末有空閒時,校園空間通常是

關閉的;(2）對有些學生來說，凌晨是他們最有創意的時間。一位學生說：「這不是我朝九晚五的工作，而是我每天思考二十四小時的興趣。」

符合學生所需。我們愈來愈擅長傾聽學生的意見後，發現創業學生有百百種。有的學生聽過「創業者」這個詞，但不知怎麼定義；有的學生已經創立有營收的事業。為了支援如此多元的群體，我們必須提供「隨需學習」（learning on demand）。今天一名學生想學習網路開發，下週他可能想學習怎麼開設公司。另一個學生可能想了解設計思維或如何構建原型。因此，我們打造了一套靈活多元的方案、內容、指導，以隨時隨地符合學生的需求，目前我們共有五百多個學生創業團隊。最後，為了滿足那些還不確定要不要創業的學生，我們也設了一個全天候的咖啡館，讓他們從遠處觀察創業行為，再決定要不要加入其中。

見習、實作、教學（See one, do one, teach one）。借用醫學教育的理念，我們發現培養學生創業技能的最好方法，是以一對一的指導或其他輔助來幫助其他學生創業。有些方式是正式的：我們為那些想創業但還沒有創意的學生提供獎學金，指派一位活躍的創業學生來指導及協助他。我們也透過創業者理事會，提供許多非正式交流與指導的機會。

最後，但同樣重要的是，別礙了他們！

第十章

沒有藍圖

每個新創社群都是獨一無二的，無法複製。新創社群是
由各個地方的多元因素、個人、歷史塑造出來的。新創
社群不該模仿別人，應該把自己的獨特優勢發揚光大。

任兩個新創社群都不一樣。眾多的行為者與因素往往在當地
歷史與文化中根深柢固，再加上複雜系統的動態特質，確保了任
兩個新創社群都不相同。先天的差異代表先天難以複製，但人類
不喜歡這樣，所以我們會想辦法把它抽象化、概括化。

人性喜歡比較，尤其是跟別人比較，因為這提供一種學習模
式，也助長了我們的競爭本能。但比較需要某種程度的概括化，

那可能會導致錯誤的理解與策略。新創社群的複雜性使這個問題變得特別麻煩，因為抽象化可能消除太多每個新創社群的獨到特徵。比較雖然有利於了解，但更多時候，那反而會分散注意力，導致誤解。

最明顯的例子是一些新創社群老是喜歡與矽谷相比，但問題遠不只於此。大家有一種近乎癡迷的衝動，喜歡以一套標準化的指標來比較新創社群，進而得出一份生態系統的排名。這些方法顯示，我們可以用公式來指數化及預測新創社群的績效，但那種信念並不是以現實為基礎。那些模型——即使是最好的模型——試圖把繁複思維套用在複雜系統上。它們常把相關性與因果關係混為一談，也暗示一種根本不存在的理解程度。

雖然個別因素可能是相關的，但它們還不夠，因為它們影響每個新創社群的方式與程度都不一樣，而且每個新創社群所處的成熟階段也不同。我們難以掌握及評估驅動系統的行為。一些跨地域的研究顯示，許多標準的資源與大家想看到的系統績效指標（創業率、高成長公司、創投基金、變現出場的數量）之間並沒有統計上有意義的關係。這些頂多只是產出（output），作為資源投入（input）的效果很有限[1]。

雖然我們鼓勵標竿分析及衡量，但了解在地環境非常重要，

標準化的衡量指標無法充分抓到最關鍵的因素。最有效的比較，往往是比較同一城市的不同時點。在地化的指標應該量身打造。由於基本資料通常是質化，而不是量化，那需要透過實地採訪或調查個人來收集。取得這種資料非常耗時，且成本高昂，所以大家才會避免或忽略這種資料。

我們見過的新創社群研究中，最有說服力的研究是採個案研究的形式。它們依循一些關鍵原則，那些原則考慮了在地因素，強調在地新創社群的人脈及那些人脈的性質。俄亥俄州立大學的本山康之（Yasuyuki Motoyama）與其合作者多年來的研究就是絕佳的典範。本山建議優先考慮最重要的事情（創業者獲得導師、個人、組織的支持），並關注這些實體之間的關係，而不是試圖做到面面俱到，因為無論如何那都是不可能的[2]。

價值觀 & 美德

不要過度設計你的參與

由於複雜系統難以控制，所以不要過度設計你參與新創社群的方式。每個新創社群都是獨一無二的。在一個地方行得通的方法，在別的地方不見得行得通。你需要堅持一套原則與價值

觀，而不是依循既定的腳本。新創社群的專案與計劃應該反映
當地的核心精神。

多方嘗試不同的東西，看看什麼有效、什麼無效，然後做必要
的調整，再試一次，重複這個循環。你需要接受一個事實：沒
有人知道所有的答案，事情也不是只有一種作法。

起始條件及吸引域

在複雜系統中，起始條件的微小變化可能在後來產生意想不
到的巨變。一個著名的例子是蝴蝶效應：一隻蝴蝶在巴西拍動翅
膀，導致兩週後德州發生龍捲風。這個想法是麻省理工學院的數
學家愛德華‧羅倫茲（Edward Lorenz）提出的。一九六〇年代他
研究天氣型態時發現，在電腦模擬中輸入微小的數值差異後，隨
著系統的演變，會產生截然不同的結果[3]。

美國諾貝爾經濟學獎得主湯瑪斯‧謝林（Thomas Schelling）
的研究，是看種族隔離與個體密度偏好的微小差異，如何導致與
這些偏好大相徑庭的結果[4]。經濟學家科蘭德與物理學家庫珀斯
在他們談複雜性與公共政策的著作中，如此談論謝林的觀點：

這是複雜性的另一個重要模式：隨著時間的推移，個體因素可能產生較大的總體影響。然而，一般人是抱持線性思維，所以他們會尋找造成重大影響的重大原因。非線性系統的研究促成了因果關係不成比例的模式，而系統的歷史是重要的決定因素[5]。

如果「八叛逆」沒有從肖克利半導體出走，去創立快捷半導體，很難想像今天的矽谷是什麼樣子。或者，如果當初諾伊斯不是那麼支持快捷半導體的前員工所發起的分拆行動，那會發生什麼事？[6]

試想，如果當初美國殖民地不是建在東岸，而是建在西岸，當大家開始往東開墾、發展新生活時，如今的波士頓或紐約外圍會出現矽谷的翻版嗎？整個科技史的演變會改變嗎？還是，舊金山附近的果園與陽光有什麼特別之處？我們永遠不會知道。（注：矽谷的所在地原本布滿了果園與葡萄園，有「心悅之谷」之稱。後來有一小群電子公司開始進駐這裡，例如惠普、安培、IBM 等。）

如果當初比爾・蓋茲與保羅・艾倫（Paul Allen）深愛著新墨西哥州的阿爾伯克基（Albuquerque），決定繼續在那片高地沙漠中創建微軟，今天的西雅圖會是什麼樣子？微軟會像今天那麼成

功嗎？傑夫・貝佐斯（Jeff Bezos）會到西雅圖創辦亞馬遜嗎？據報導，貝佐斯到西雅圖創立亞馬遜，主要是因為微軟為西雅圖吸引了大量的軟體工程師[7]。諷刺的是，一九七五年蓋茲與艾倫在阿爾伯克基創立微軟，貝佐斯一九六四年也是在阿爾伯克基誕生。難道阿爾伯克基只是運氣不好嗎？

博德市早期發展時，聯邦政府在市區建立了幾個研究實驗室。這些實驗室與科羅拉多大學博德分校有關連，大學研究與那些國家實驗室的研究有一些重疊。幾個世代以後，博德市成為全美博士密度最高的城市，而且該市對教育與研究方面都有很大的影響力[8]。這也難怪許多「深度技術」（注：泛指解決重大工程或科學問題的技術，而不是為消費者提供的服務。常見的深度技術包含 AI、量子科學、光子技術、奈米科技等等）公司在博德市設立辦公室；許多大公司也來博德市開設第二總部，專做產品研發。

許多系統的結果是單一結果或一種平衡狀態。在複雜理論中，一個系統有多種可能的狀態，也稱為「吸引域」（basin of attraction）。在一種特定的狀態中，有大量的持續動態與演變。

這些吸引域會對系統的元素產生引力。雖然這導致活動集聚到半穩定的地方，但很難預測哪些可能的狀態將成為主導狀態。有些狀態可能很健全，有些則不然。吸引域本身並非固定不變，

而是不斷演變的。

因為有這些吸引域，複雜系統展現出強烈的慣性效應，又稱為「鎖定」（lock-in），因此健全系統容易維持那種狀態。同樣的，不健全的系統也難以掙脫束縛，這也是為什麼新創活動的地區差異往往改變緩慢。繁榮的創業區持續蓬勃，不太成功的創業區則持續滯後。

這些結果其實是可以改變的，儘管進展緩慢又不平均，需要堅持與耐心才能獲得更好的結果。在《新創社群》中，我主張應該抱持長遠的眼光。雖然當時我說那至少要二十年，但後來我把那個概念修改成從當下的時點放眼二十年。打造新創社群需要時間，才能看到巨大的回報。

博德市經過長期成功的創業活動後，似乎出現令人不安的變化。新人不斷前來，新創企業持續創立，許多現有的公司正在壯大。儘管如此，一些新創社群的早期打造者開始抱怨情況感覺不同了。本來就存在的小圈圈變得更僵化，開始出現派系。一位離開一陣子的創業者說，她回來後覺得無所適從。這裡依然是蓬勃的新創社群，但現在氛圍不同了。它的重心已經轉移，變成好幾個。

敘事謬誤

　　心理學家、行為經濟學家兼諾貝爾獎得主丹尼爾・康納曼（Daniel Kahneman）在二〇一一年出版的《快思慢想》（*Thinking, Fast and Slow*）中，列舉了人類大腦排擠周遭的複雜事物，比較喜歡簡化看待世界的多種方法[9]。人類是運用思維捷徑或經驗法則這樣做，而那些捷徑是由我們自己的經驗塑造出來的。但那些捷思（heuristics）導致我們犯錯，那些都是可預測但難以避免的錯誤。心理學家丹・艾瑞利（Dan Ariely）指出，人類不僅是非理性的，還是「可預測的非理性」[10]。

　　我們容易犯的一種可預測錯誤，是把因果關係強行套在毫無因果關係的事情上。那是因為人性先天厭惡不確定性，又或者，套用十八世紀哲學家大衛・休謨（David Hume）的說法，那是因為我們對一致性與意義有強烈的情感需求[11]。那種型態非常普遍，康納曼把它命名為「所見即全貌（what you see is all there is，WYSIATI）」。那是源自大腦的反應部位或感官驅動部位，是人類的本能。它往往支配我們的決策，但不適合用來仔細思考與分析。

　　即使不知道所有的事實，我們還是想搞清楚周遭的世界。雖

然那滿足了休謨與康納曼所述的強烈情感需求，但我們那樣做也是為了感覺自己很有用。我們把工具與方法應用到工作上時，覺得自己並非一無是處——我們只是想要幫忙。但是想知道怎麼做才正確（「預測」），則必須先了解根本的關係（「因果關係」）。

然而，在複雜系統中，因果關係與預測往往是不可知的，尤其事先更不可能知道。由於我們不知道所有的事實，我們逕自虛構事實，腦補空白，但那些腦補內容往往是錯的。我們把個人經驗投射到世界上，並從中得出廣泛的結論，便犯下可預見的錯誤。

塔雷伯在二〇〇七年出版的《黑天鵝》（*The Black Swan: The Impact of the Highly Improbable*）中也談到這點。黑天鵝事件是影響很大、但發生頻率很低的事件，很少人預見這種事情的發生，因為它們很複雜，通常是前所未有的。一般人試圖解釋這些事件時，常編造一些因果關係的故事，誤導自己、也誤導他人[13]。對塔雷伯來說，圍繞這些複雜現象的議題不僅事前模糊，事後也依然不明朗。然而，我們常在回顧時假裝自己已經充分理解了，從而導致詮釋錯誤。雖然黑天鵝事件不是隨機的——有潛在的因素與關係驅動著它們——但它們太複雜了，是人類無法理解及預測的。

矽谷就是一種黑天鵝事件——影響大、發生頻率低、事先完全無法預測。很多人試圖打造矽谷的翻版，但是都失敗了，這表

示矽谷的形成只是一個故事罷了。那是我們用來說服自己的故事，以便讓創業生態系統的複雜現象顯得一致、井然有序。但太多時候，我們記取了錯誤的啟示。當然，我們可以從矽谷學到一些原則。事實上，這本書就是從矽谷擷取許多概念，但沒有明確的規則，只有可能性。

促使矽谷早期崛起的眾多因素之一，是政府為戰時的研發投入空前的預算。那些刺激方案的龐大規模塑造了整個產業，把大量資金及人才導入新興的電子與通訊公司。從這段經驗中，我們可以記取一個概略的啟示：**把大量的政府經費注入研發，可以打造出一個科技與新創中心**。雖然那在某些地方可能是真的，但通常不是如此。從這個故事汲取的更實用啟示可能是：**創業者會對產品與服務的需求產生反應。目前的創新需求中，還有什麼是尚未獲得滿足的？**接下來的策略可能是想辦法把潛在的創業者與客戶連結起來，或是為目前在大公司任職的員工指引創業的途徑。有效的方法可能會令你大吃一驚，也可能與其他地方有效的方法不同。對我們來說，這似乎比等待下一次世界大戰爆發，或等待其他的生存危機來激發一個任務導向的狀態更為合理 [14]。

把優勢發揚光大，從失敗中學習

在複雜系統中，歷史與地方脈絡很重要。新創社群應該專注打造最好的自己，而不是去跟其他的新創社群競爭或模仿其他的新創社群。理解這點非常重要。這項任務基本上是在提升卓越事件發生的機率。沒有什麼事情是一定的。成功的結果往往看起來與預期不同，而且經常來自出乎意料的來源。

地球上的每個城市都曾是一個新創單位，在人類居住數百年或數千年後，如今它們都發展出悠久的歷史及根深柢固的文化。這些複雜的實體、社會、經濟結構是每個城市獨有的，我們應該善用那些優勢。

我們不該問的問題是：如何變得更像矽谷？

該問的問題是：目前我們的狀況如何？如何達到我們想要的境界？什麼方法似乎有效，什麼方法似乎無效？我們如何加強那些有效的作法，並淘汰那些無效的作法？現在的新創企業需要什麼？我該如何幫助它們？

由於複雜系統的結果先天充滿不確定性，而且是非線性的，新創社群的參與者需要習慣失敗，因為那是創業過程中很正常、也很健康的一部分。如果你不是經常失敗，那表示你沒有承擔足

夠的風險。如果你沒有承擔足夠的風險，久而久之，你不會獲得有意義的進展。坦然面對失敗，別再把失敗妖魔化很重要。我們可以把失敗稱為學習機會，欣然接受它，而不是逃避它或偷偷把藏起來，深怕別人發現。

不斷以試誤法做實驗以顯現進展，比直接進行大幅的干預更有效。不斷重複看似無關緊要的小行為可以累積進展。這讓我們更容易冒險嘗試小規模的方案與政策，因為失敗的成本較低。這個過程中，你一定會經歷失敗，你可以調整實驗，然後再嘗試。學習就是在過程中發生的，你可以吸收意見回饋，開發及啟動新策略。

持續趨避風險的文化，是阻礙新創社群發展的根本障礙。當有人擔心把時間投入不會產生影響的事情，或害怕自己遭到新創社群的其他人拒絕時，那就表示社群有規避風險的文化。如果你怕冒險、失敗或改變方向，你也限制了自己及新創社群的發展。

當你迴避那些曾經失敗的人時，那也是一種規避風險的行為。在失敗的事業中可以學到很多東西，與其陷入恐懼的陷阱，你應該欣然接納那些失敗過的人，並鼓勵他們嘗試新的風險，除非他們做了違法或不道德的事。

趨避風險也會以不誠實的方式表現出來，例如粉飾太平或刻

意掩飾失敗。但那樣做只是在推遲無可避免的事情，可能導致事態變糟。請避免那種白費功夫的危險作法。

最後，切記，打造新創社群不是零和遊戲，不分輸贏。在新創社群中，追逐狹隘的自利會破壞整個系統，長遠來看對自己也不利，因為新創社群會逐漸疏離那種人。你應該抱持「收益遞增系統」的概念。在這種系統中，每個人都對集體做出貢獻，每個人獲得的利益愈多。你應該養成富足的心態，而不是匱乏的心態。

培養在地偏好

新創社群的參與者必須熱愛本土，展現出亟欲改善社群的渴望。雖然那些帶頭打造新創社群的人可能對其所在的城市有較深的情感，但許多有類似本土愛好的人可能沒有積極參與打造社群。你可以把「在地偏好」當成吸引那些人一起來打造社群的方法。

希肯盧珀是成功的創業者，二〇一一年至二〇一九年擔任科羅拉多州的州長。他最後一次對州議會演講時，就是以「在地偏好」作為核心主題。他表示：

身為公僕，我們的任務是把我們熱愛的家鄉，繼續打造成我們深愛的地方，讓它變成值得我們自豪的所在。這就是所謂的在地偏好——這是我們的鄉土熱情，反映出我們對科羅拉多的愛……

大眾文化試圖讓我們接受一種荒謬的說法，他們說科羅拉多州的歷史只有粗暴的個人主義與衝突，但合作一直是我們 DNA 中的關鍵成分……

有時在這棟樓裡，我們偏離了這種科羅拉多的特質。但我相信，在地偏好是多數經濟發展的關鍵要素。如果大家不信任領導他們的人，不相信那些領導者將同心協力，他們也不會急著做任何有益於經濟發展的投資[15]。

當新創社群的參與者把成熟蓬勃的創業生態系統中的豐富資源，視為創業初期需要的因素與人脈初始條件時，那會出現「倒果為因」的問題。政府或其他的參與者想要仿效矽谷或其他蓬勃發展的創業生態系統時，會盤點當前的環境，並試圖在自己的城市中採用同樣的因素。

但這樣做是本末導致，或者至少是搞不清楚狀況。他們把「永續成熟的新創社群所發生的事情」和「幫那個社群起步的人

脈初始條件」混為一談。新創社群中許多資源與支援機制的開發，是在創業風氣變得比較顯著時才出現的。創業者發展自家公司的同時也建立了一個社群，形成一種良性循環，使更多人更有可能在當地創業[16]。

誠如區域創業學者費德曼所言：

一個重要的問題是，缺乏創業傳統的環境如何改變及變得豐饒。一般認為有利創意發展的那些因素，是從分析豐饒環境得到的。他們不是把強大的在地人脈、活躍的研究型大學、豐富的創投資金等等視為促成創業風氣的原因，而是把它們視為既有社群中成功創業的屬性。他們似乎把公司的起源或形成、制度與社會關係的建立，視為一種獨立的現象……文獻顯示，許多條件需要先到位，才能促進創業風氣的發展。但現實狀況是，那些條件似乎都落後社群的發展，而不是引領社群的發展，所以他們質疑我們對區域變化動態的了解與隱含的政策處方[17]。

地方政府如何參與及幫助新創社群最好

雷貝嘉・洛維爾（Rebecca Lovell）
華盛頓州的西雅圖
Create 33 的執行董事；西雅圖市經濟發展處的前代理主任

市府官員參與該市的新創社群時，應該謹記一點：只做你最了解的事。我之所以知道這點，是因為我代表西雅圖市做這件事四年多。新創社群有獨特的地方特色，地方政府對新創社群來說可能是有益的參與者，也可能是有害的參與者。

無論你是政府單位「派來幫忙」的，或是對「這個城市能為新創企業做些什麼」有點想法的市民，你只要問三個問題，就有可能找到答案：需要什麼？缺少什麼？政府能做什麼？

無論你的優勢是什麼，你都必須先評估本地的局勢。

如果你是政府官員，下一步是好好照照鏡子。你可能在外面有高高在上、愛發號施令的名聲（也許還真的名不虛傳）。你需要先改變思維。面對創業圈，你需要先嘗試由下而上、培養能力的方式，總是聘請有創業經驗的創業者來代表政府參與新創社群，職業官僚在這種情況下的幫助有限。

西雅圖市聘請我擔任第一位「新創宣導長」時，我花了三個月

的時間傾聽創業者的意見，提供一對一的支持，並確定型態與趨勢。這種傾聽與收集資料的流程，影響最初規劃的優先順序。我們也透過不斷的社群參與，來經常更新這些優先順序。雖然市府可能有一些不錯的想法，但是在支持新創企業時，走出辦公樓去接觸在地的新創社群很重要！

▌我們能做什麼，該做什麼？

我先從我們在西雅圖決定不碰的兩個領域開始談起，但是在你的社群裡，那可能是值得探索的地方：

- **財務資本**：在西雅圖，我們很幸運有一批早期的忠實投資者，他們把在地創業者列為優先投資的對象。因為有這些資產，我們沒有優先設立一個城市新創基金（碰巧我們的州法律也禁止這樣做。）即便如此，重點是，切記，政府通常不適合當創投業者。

- **實體空間**：無論是為新創企業提供租金低廉的場地，還是促進合作，工作空間及偶然的接觸都可以降低創業者的進入門檻，這是政府可以提供的一項資產。但是在西雅圖，情況並非如此。我們把每塊政府用地都拿去打造平價的住房了，私營部門已經推出四十個共同工作空間來滿足市場需求，而且供給仍不斷增加。

▌缺少什麼？

至於我們發揮作用的另一些領域，我常說那些領域往往不歸屬

在政府的傳統部門之內，但政府可以介入以填補空白並發揮重大的影響。

- **連結**：例如，透過我們的新創網站來分類資源、為新創企業提供直接的支持（在市區的共同工作空間，而不是在市府內）。西雅圖目前的「新創宣導長」是大衛・哈里斯（David Harris），他也是一位創業者，他是分類方面的專家。他會回答創業者的問題，或加速解決問題，或幫他們介紹能幫上忙的人（這個方法在我們的新創社群裡很管用，因為我們有一大群創業者願意、也有能力幫助其他的創業者）。如果你的社群尚未達到這種臨界規模，即使只有一小群投入的領導人，也可以開始激發改變。在西雅圖，我們有一股共同合作的氛圍推動著創新發展——邀請任何人喝杯咖啡都很容易。但這裡仍有改進的空間，對於被阻隔在外的人來說，這個社群可能很難進入。因此，我們特別關注面臨制度障礙（例如難以取得財務資本、社會資本）的少數族群。我們努力降低有色人種、婦女、移民社群所面臨的門檻。這樣做不僅是因為這是正確的事，也因為這樣做是明智的（多元化的社群表現得更好）。

- **開發人才**：即使在一個工程師密集的城市裡，新創企業也很難爭取到技術人才。這是每一場一對一的會面或每年的社群活動上一再出現的議題。由於我們的四年制大學與社區大學所提供的人才供不應求，我們一直努力支

持「加速培訓方案」（也把政府的資金挹注在這裡）。由於運算思維已變成一種生活技能，早期的接觸與教育可能對創新有幫助。全國各地的公立學區都提供 Code.org 之類的專案，支付教師津貼，讓他們去上電腦教師培訓課程，以便在學校開電腦課。地方政府在推行這種專案方面可以發揮影響力，並為技能中心及理工教育中心（STEM school）的設立奠定基礎。

- **召集**：民選官員雖然沒有多大的權力，但可以把那些通常不願說話、更遑論合作的競爭對手都請到談判桌來。政府單位可利用這種召集力來探索公民問題的解決方案，也可以召開傾聽會議，為新創企業帶來實質的結果。二〇一二年，當時的西雅圖市長邁克・麥克金（Michael McGinn）召集了一群新創企業的領導者，最終促使西雅圖市啟動了「西雅圖新創方案」（Startup Seattle）。現任市長珍妮・杜坎（Jenny Durkan）剛上任的那幾個月，也召集了類似的小組來審查政策提案，並為她的執政團隊探索新點子。不過，新創社群看不到談話落實為行動時，可能會對這種會議感到厭倦。所以，政府需要做的，不只是促進討論而已，他們也需要成為變革的推動者。

▌政府擅長什麼？

最後，在地方政府的傳統模式中，還有兩個關鍵領域是西雅圖

的領導人剛開始參與的。千萬別忽視了這些地方！

- **政策發展**：政府掌握公共政策權是眾所皆知的事實，但民選官員若能了解「他們可以控制什麼 vs. 他們可在哪裡發揮影響力」，並在制訂政策時聽取社群的意見，他們可以因此受惠。雖然任何城市法規都可能抑制創新，但政府可以提供獎勵措施，例如延長對新企業的稅收減免，或是對淨收入課稅，而不是對總收入課稅。競業禁止協議通常屬於美國各州的職權範圍。加州在這方面一直享有競爭優勢，因為它沒有對人才流動實施這種限制。在國家層面，美國有許多獎懲方案，不勝枚舉。不過，從資本形成政策到移民政策，再到（日漸式微的）創業簽證，政府還可以做很多的事情來支持新創企業！

- **廣為宣傳**：我從西雅圖市長杜坎召開的新創會議上得到最訝異的見解是，與會者強烈要求她使用一項不花錢、但影響力無價的資產：她的表態。長久以來，我們可能都有西雅圖人慣有的和善、自嘲心態。我們可能永遠不會像前紐約市長邁克‧彭博（Michael Bloomberg）那樣拍胸脯宣稱自己是「永不眠的矽谷」。但是，熱情宣揚在地新創企業的精彩故事，是每位市長都可以善用的資產。

希望以上的簡要概述（我們正在做什麼、沒做什麼、以及可做什麼）可以幫大家了解，地方政府如何支持在地的新創社群。

第十一章

衡量陷阱

新創社群必須避免讓衡量指標帶動錯誤的策略。在新創
社群中，最具體、也因此最容易衡量的因素，對長期績
效的影響最小。由於資源與理解有限，許多組織（尤其
是參與者）讓想要衡量的欲望把策略帶向錯誤的方向。

據傳，傳奇的管理思想家彼得・杜拉克（Peter Drucker）首
創這個說法：「無法衡量的東西，就無法管理。」現代版的說法
「有衡量，就能管理」可說是商業界最常引用的格言，但這句話
有兩個問題。首先，杜拉克從未說過這句話[1]。第二，也是比較
重要的，他曾針對有效管理提出更縝密的觀點，但與這句話的概
念相悖。

雖然杜拉克積極提倡「衡量結果」，但他也知道，對商業領

袖來說，更重要的任務是建立一些不是那麼有形的東西。

關鍵是人際關係，是互信的發展，是對人的認同，是社群的創造⋯⋯

那是無法衡量或無法輕易定義的，但這不單只是一個關鍵功能，而是只有你能完成的任務[2]。

雖然人際關係多多少少是可以衡量的，但不是所有可衡量的東西都很重要，也不是所有重要的東西都可衡量。對新創社群及創業生態系統的參與者來說，這是非常重要的一課。

基本衡量問題

新創社群與創業生態系統的有效衡量，仍處於起步階段。但隨著參與者擴增及資源投入的數量擴大，大家對衡量指標的需求跟著成長。然而，衡量複雜系統，本來就很難。於是，有些人以一些權宜之計及不太適合的方法來填補這些缺口，那些衡量方式強調許多最不重要的因素。這導致大家混淆了重點，也促成錯誤的策略，最終導致失敗。用資料來決定實施哪些策略，就是俗話說的「本末導致」。

這種問題之所以會出現，是因為大家需要看到專案或活動的直接影響，以證明繼續投資及支持下去是合理的，尤其參與者更需要證明。因為最容易衡量的東西是有形、量化的、或以資源投入為取向，這因此鼓勵創業方案針對這些因素來設計。遺憾的是，這些因素往往不適合施壓，因為它們對創業社群的長期績效影響最小。

再加上許多重點指標需要長時間才會顯現出來，而且同時受到許多其他因素的影響，這使得情況變得更加複雜。然而，大家往往預期一項行動產生立竿見影的效果，並直接歸因於那些因素。這些期望都是錯的。

在複雜系統中，互動比人或資源的規模更重要。這些互動的價值，需要把時間拉長才會顯現出來。影響最大的干預點是那些處理系統結構的點（例如行為或關係），以及相關人員的根本態度與價值觀。但是，這些因素的質性、在地性、個人性，導致它們難以衡量，需要大量量身打造的實地探訪，那會增加大量的時間與成本負擔。此外，資料收集最好是長時間持續從個人收集。縱向資料遠比某個時點的橫截面資料來得重要。

除非有富商或成功的創業者贊助世界各地的新創社群去彙整資料，否則我們會陷入一種棘手的情況：面臨收集資料及迅速衡

量影響的壓力，卻又缺乏足夠的資源或了解，因此無法把它做好。這就是一種陷阱：採權宜之計及不太好的策略，結果很糟。

杜拉克那句遭到誤解的名言也可以這麼說：「容易衡量的東西，獲得優先考量。」或者，專欄作家西蒙・考爾金（Simon Caulkin）曾嘲諷：「有衡量，就能管理，即便衡量與管理毫無意義，即便那樣做對組織的目的有害，還是照做不誤。[3]」這導致新創社群針對那些醒目的事情及容易調整的參數做決策，即使那樣做的影響有限、甚至有害，他們還是非做不可。

儘管面臨這些挑戰，過去十年間，許多聰明人一直努力推動創業生態系統衡量領域的發展。整體來說，這些衡量資料提供了豐富的資訊，使用得宜的話，可能有助益。但是，這沒有理想的作法，也沒有捷徑。每種方法都有優點與局限性。最終，最重要的考量是實用與謙卑。為了有效完成這項任務，你必須採取廣泛的作法，投入大量的心血，而且你要知道那些資訊並不完美。

行為者與因素模型：分類法

最有名的創業生態系統架構是行為者與因素模型。這是相關人物與組織的清單，通常是按角色或職能來分類，也列出涉及的

資源與條件。這些模型是最近十年隨著創業生態系統的現象開始成形而發展出來的，它們是最早跟隨這個流行趨勢發展出來的模型[4]。

實際應用時，生態系統繪製（ecosystem mapping）是一個在特定地點發展「類別模型」的流程，它是在審查創業生態系統中出現的「人事物」（who and what）。在這個生態系統中，個人與組織是分門別類的，而且各有不同的角色或功能。人通常有多重角色。這是了解一個城市的人與活動的實用練習，也為某個時點的新創社群建立一個基線模型。

澳洲的研究人員與社群打造者查德・雷南多（Chad Renando）正在開發的模型就是一個很好的例子[5]。此外，他以鉅細靡遺的方式，由下而上來繪製澳洲的生態系統圖，而且正在打造一套實用的工具來搭配這套模型[6]。

另一個例子是我在《新創社群》中把新創社群裡的人分成領導者與參與者（本書又多加了鼓動者）。如今我們把創業生態系統中的一切分成兩類：一類是行動者，包括領導者、參與者、鼓動者。另一類是因素，包括七資本。我們把許多元素分門別類，以便把關鍵細節歸納成一個精簡好記的結構。下面是一張簡單的圖示。

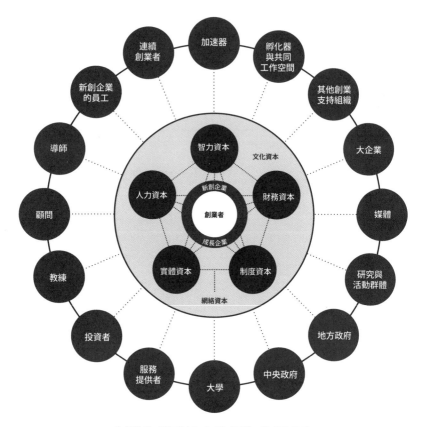

創業生態系統中的行為者與因素

標準化衡量模型：比較法

另一種創業生態系統模型是採用比較法。研究人員以現有的資料來源來量化行為者與因素（直接量化或透過替代指標來量

化），但某些情況下，研究人員會創造一些衡量指標，現有的資料來源並沒有那些指標。使用標準化的衡量指標，可以系統化地比較不同的創業生態系統，通常會得出生態系統排名與標竿工具。

多年來，阿斯彭研究所（Aspen Institute）、世界經濟論壇（World Economic Forum）、經濟合作暨發展組織（OECD）等組織在國家及城市層級開發了許多比較模型[7]。如今廣泛使用的兩種模型是全球創業指數（Global Entrepreneurship Index，GEI），以及創業基因組公司（Startup Genome）對全球城市與區域的高科技創業生態系統的評估[8]。GEI 是由全球創業網絡（Global Entrepreneurship Network）開發的國家排名。有些組織（例如 Techstars）自己開發了專屬的模型，來評估世界各地城市的創業生態系統。這些模型都是從現有的來源輸入資料，例如世界銀行、全球創業觀察（Global Entrepreneurship Monitor）、PitchBook、Crunchbase。

比較模型很適合用來對一個地區的相對優劣勢產生一個概觀，也容易對特定的資源投入（例如創投資金的數量）或產出（例如新創率）做基準分析。最好的模型包含來自調查的質性資訊，這些調查會掌握創業者及社群的態度等資訊。比較模型是了

解創業生態系統發展狀態的實用第一步，也可以幫你找到一些線索（例如該在哪裡施壓、解決挑戰或激發機會）。

然而，這些模型很容易騙人。大家常把變數的廣度視同全面性與準確性。輸入變數通常是我們實際想衡量現象的替代指標，甚至可能只是粗略的替代指標。橫跨多個地理區域的標準化變數需要權衡。深度、實用性、一致性都是挑戰。在經濟與社會科學中，開發出這種局限性的模型，沒什麼不尋常、也沒什麼不對，但使用者應該要知道那些局限性是什麼。比較模型雖然看似無所不能，但它們並非萬能。

把比較模型內建到生態系統排名中，可能會出問題。這種排名系統顯示，一個創業生態系統比其他的創業生態系統好，但這是對現實的過度簡化。排名本質上是指數化且公式化的，是建立在一致性、線性、可預測性的假設基礎上。這些都不適合套用在複雜系統上。排名也可能直接導致前面討論的問題：它們可能會鼓勵創業生態系統採行那些參數容易調整又醒目的策略。

比較模型應用不當時，會產生「可預測性」的錯覺，那不僅毫無根據，也放大了敘述謬誤（簡化我們不完全了解的事情）。比較模型先天的設計就不會去抓最重要的因素——行為者的互動及根本的心理模式——因為跨許多地區收集可靠又詳盡的資料太

難了。雖然我們也知道比較生態系統的魅力、甚至樂趣，我們還是要勸大家不要太相信這個方法。你可以利用這些模型來獲得情報，而不是把它當成行動依據。你可以把它們當成更大拼圖的一小塊。了解模型中的個別指標，但不必太在意排名或比較。

抛開對使用方法的吹毛求疵不談，在概念上，我們會勸大家避開過度比較的陷阱。切記，最重要的比較，是比較不同時間點的同一生態系統。

人脈模型：關係法

了解創業生態系統中把行為者串連在一起的人脈很重要。有兩種方法已有詳細的研究記錄，是說明如何分析人脈的好例子。一種是學者費德曼與佐勒提出的交易大亨法[9]。另一種是Endeavor與世界銀行的研究人員所製作的一系列人脈圖譜[10]。這些模型顯示，那些經常孕育出高影響力公司的生態系統，有較高比例的成功創業者擔任有影響力的角色。有影響力的行為者一起合作，也是成功創業生態系統的一大特徵。

人脈分析顯示，無論是個人層級或系統層級，新創社群在導師、投資或以前的工作等面向都有深厚的人際關係。人脈分析也

紐約市科技創業者之間的前就業人脈圖

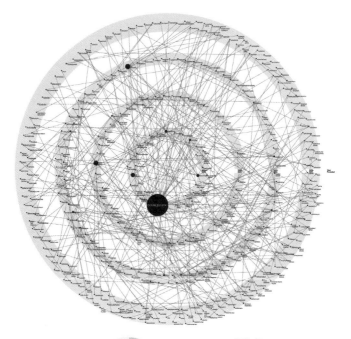

顯示，誰在人脈圈中有影響力，以及他們與誰相連。影響新創社
群績效的最關鍵因素是連結性與人脈結構，以及個體的根本價值
觀、態度、世界觀。人脈分析可以反映這點，所以是很有價值的
建模方法。

這張 Endeavor 的圖顯示，紐約市科技新創企業的創辦人有多普遍，並突顯出那些曾在該市的其他科技新創企業中工作過的人 [11]。

遺憾的是，人脈模型很難製作，這也是很少人採用這種方法的原因。你無法輕易下載某個新創社群的人脈主資料集。你必須由下而上逐一畫出每條關係。這需要時間、資源、專業知識。這也需要可信度與信賴度，因為資料收集是來自採訪，你需要採訪許多的行為者，了解其事業的正式關係與非正式關係。採訪者必須權衡主觀及可能有點敏感的資訊，例如誰投資了某家公司，或某人在新創社群的哪裡看到有問題的行為。

動態模型：演變法

複雜系統是動態的，隨著時間不斷地演變，歷經數個開發與成熟的階段。有些複雜系統是先進的，可以自給自足，例如矽谷。有些複雜系統才剛浮現，它們是代表下一代的全球創業生態系統，例如西雅圖、奧斯汀、新加坡。還有一些複雜系統剛萌發或處於休眠狀態，有些正在走下坡。

實務上，從演變的角度來看，新創社群可能很實用 [12]。了解初始條件及路徑依賴（path dependence），可以促使參與者思考

根深柢固的因素對他們的影響有多深。尋找相變（phase transition）與吸引域可以顯示潛在的轉折點，那些轉折點會刺激行動，把系統推進下一階段。大家常誤以為，發育不良的創業生態系統若要成長，就需要那些蓬勃創業生態系統中的因素。我們必須認清一點：啟動事情的要素，跟加速及維持事情發展的要素是不同的[13]。系統與驅動系統的因素是一起演變的。

創業生態系統的成熟分五階段：新生、發展、浮現、維持、衰退[14]。大家往往忽視了最後的「衰退」階段。例如，現今的領先新創社群與二十世紀初的創業先驅中心（例如克利夫蘭、底特律）有驚人的相似之處，包括早期的創業形式、天使投資、企業育成[15]。波士頓是從二戰發展出來的美國領先創新中心，但在一九八〇年代經歷了嚴重的衰退。相反的，矽谷面對科技變革時，不斷自我改造的能力是其韌性的一部分[16]。

動態模型雖是一種實用的思考練習，但要拿來應用卻不容易。假設我們根據七資本——智力資本、財務資本、制度資本、實體資本、人力資本、文化資本、網絡資本——建立了廣泛的標竿。對於每個面向的各階段，客觀定義的門檻或轉折點是什麼？光是定義，就可能涉及主觀，做這件事本質上需要比較不同的創業生態系統。

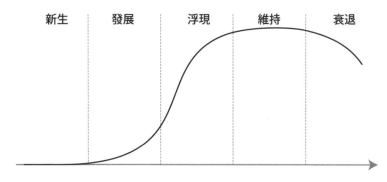

| 新生 | 發展 | 浮現 | 維持 | 衰退 |

新創社群或創業生態系統的生命週期模型

　　儘管如此，評估新創社群時，考慮時間這個面向是很實用的
作法。它促使參與者思考這些因素可能會如何演變，以及在不同
的時間點，成功是什麼樣子。面對那些進入後面階段的生態系
統，我們依然可以借鑒其歷史的演變。而且，最重要的是，把時
間納入考量時，可以提醒我們：這是一個永無止境的任務，打造
新創社群永遠沒有完成的一天。

文化─社會模型：行為法

　　《新創社群》與「博德論點」跟前述的模式不同。首先，他
們是從創業者的角度去找出改善新創社群的實際步驟。它們不像
許多分類模型與比較模型那樣是採用由上而下的方式，《新創社

群》的核心理念是由下而上的改變。行為法可以作為積極改善新創社群的質性指南，即使只是漸進式的改變。

第二個區別是，《新創社群》關注的是文化規範與實務，那有助於打造一個蓬勃的新創社群。《新創社群》主要是關注有助於新創社群健全發展的人際關係、行為、態度、價值觀的性質。在這方面，新創社群根本上是為了改善人際關係。

另一種文化—社會模式與《新創社群》最為相似。黃與霍洛維特都是經驗豐富的創業者及生態系統的打造者，他們合著的《雨林》就像《新創社群》一樣，是一個實際改革的典範，強調以人為中心，改善多元個體之間的人際關係，讓他們更通力合作，幫助創業者成功。

這兩個模型都指出一種未充分利用、但效果強大的衡量方法：調查個人以評估他們的行為、態度，以及對新創社群中各種文化與社會規範的觀點。我們可以長時間追蹤這些人的情緒與行動，評估他們對各種計劃的反應。追蹤他們隨著時間經過如何改變行為與思維模式，是在複雜系統中串起因果的一種可能方法，尤其是以特定的計劃（例如新聚會、新的創業加速器等等）或活動（例如一家在地公司高價變現出場、引人注目的失敗等等）為比較基準的時候。

切記，新創社群的一大功能，是想辦法讓大家在創業方面更通力合作，相互支持。調查做得好，有助於針對那些關鍵行為與態度收集證據。

邏輯模型：因果法

因果模型屬於理論模型，通常是學術論文的基礎。這個領域已有一些有限的研究，並得出一些實用的想法[17]。

把創業生態系統視為一個價值鏈，前端是輸入（行為者與因素），後端是輸出（新創企業）。為了打造一個價值鏈模型，你需要找出內部的流程及非正式的治理結構。與其關注轉變前及轉變後的狀態，你應該關注的是中間的過程。然後，找出你想在系統中改變什麼以及為什麼要改變，並假設什麼可能導致改變發生，然後追蹤進展，評估影響，並做調整。雖然這些都很抽象，但你應該了解你的方法深受本地條件的影響，而且在不確定性很高的情況下，你應該保持靈活。

雖然在複雜系統中無法可靠地建立全系統的因果關係，但因果思維是一種實用的練習。首先，它優先考慮那些驅動價值、但不容易看到的東西。畫出一個行動預期產生的影響，可以逼我們

更仔細地思考根本的關係與回饋循環。這促使我們明確地質問「那又怎樣？」及「然後呢？」[18]。我們平常做事時，假設與目標往往在我們的潛意識中悄悄地運作。當我們明確地質問時，通常可以看出不同的利害關係者各有不同的思考架構，即使是朝著相同目標努力的人，也有不同的思維架構。

邏輯模型是落實這種作法的一種方式。邏輯模型是一連串關於改變預期將如何發生的「若……則」敘述（if-then），共有四個組成部分[19]：

1. **輸入**：行動者（人、組織）與因素（資源、條件）。
2. **活動與輸出**：我們做什麼，這些事情如何結合起來，我們在哪裡干預。這些可以是自然的（興起流程）或干預的（活動）。
3. **成果**：這些活動與輸出的預期結果。它們有短期、中期、長期的性質。
4. **目標、基本原理、假設**：我們試圖達成什麼，我們相信改變是如何發生的，我們認為成功的必要條件。

一般是把輸入視為固定的。活動與輸出可以衡量並歸因於一

個來源。複雜性導致結果很難衡量與歸因，或不可能衡量與歸因。而且，隨著時間經過，當行為者離直接行動或輸出愈遠時，愈難衡量與歸因。

參與者（尤其是政府）會施壓，要求把輸出及長期結果（例如創造的就業機會）直接連結起來。但實務上，在複雜系統中，這幾乎是不可能做到的，那只會促成不好的策略，使人優先考慮符合衡量要求的策略，而不是最有效的策略。我們應該改用「若是這樣，則會那樣」的方法，它在模擬改變如何發生時，效果更好。那可能需要克服一些額外的障礙，但它比較誠實面對現實。

因果法又稱為「改變理論」（theory of change）練習。關於新創社群該提供什麼方案以及方案的時間尺度，大家的期望可能會有分歧。你可以藉由因果法來彌合這些分歧。除了追求新創社群的成長與發展以外，政府想要創造就業機會，企業贊助商想看到有強大影響力的收購目標，大學想要未來的捐助者。大家選擇這些目標是可以理解的，但期望單一方案直接實現如此崇高的長期結果是不切實際的。藉由勾勒一個改變理論，我們可以針對什麼可以衡量且應該衡量，以及長期成功的初始指標可能是什麼樣子，來定義一套更切合實際的預期。此外，這個練習也讓多種利害關係人浮上台面，並協調假設、基本原理、目標、預期。

創業生態系統中創造其獨特價值的邏輯模型範例

問題陳述

我們想為目標群體服務其特定挑戰。

地方經濟沒有為勞工和家庭提供足夠的優質機會。

我們缺乏能夠為整個社群創造工作及收入，並能恢復經濟活力這類型的高影響力公司。

目標

長期目標：我們想完成什麼？

產生更多且更高品質的新創企業與成長企業，持要思人創造工作、收入與經濟繁榮。

基本原理

相信改變是如何發生的

新創企業與成長是一個城市／區域經濟發展的關鍵。

經濟活動促成更快樂、文化與社會凝聚力更強的社群。

假設

成功需要的條件：這些條件必須已經存在

社群裡有人想要，也有能力打造影響力強大的公司，我們有創業者或成功者如何所需資源，或至少有如何開發那些資源的答案。

資源

現有的系統輸入

創業者、有技能的人力、投資者、導師組織。

顧問、提供支持的組織。

人脈、文化、資金、地方的素質、創意、知識分享。

活動

我們可以做哪些事情來改進：行動、流程、工具、策略、方法。

零容松、競爭、聚會、導師指導、社群打造、說故事、活動需求評估、政府政策與參與、企業與大學參與。

輸出

具體、可量化、活動的直接產物；我們可以計算／歸因的東西

活動參與者的數量與多元性、建立連結與導師關係、部落格、新聞稿、知名講者。

評估及達讓策略的研究（關於如何改善連結）及行為改變的策略）。

長期結果

連串事件

在近期改變之後，希望在學習、行動或條件的根深蒂固的企業文化：大量新創企業與成長企業

就業、財富與收入機會增加；社群內的經濟再次蓬勃發展與繁榮。

中期結果

近期改變後，在學習、行動或條件上有所改變

增加／改善的創業輸入（創業者、員工、新創企業）。

增加／改善的創業輸出（高成長公司／改善現出場、獲利事業）。

短期結果

在學習、行動或條件方面的預期近期改變

因為活動／輸出獲得的學習、連結或指導關係。

因為培養的關係增加、行為與心態出現明顯的變化。

個體為本模型：模擬法

個體為本模型（agent-based model）是分析複雜適應系統的常用方法 [20]。在這些模型中，「個體」是根據一系列「規則」運作。以人類行為者來說，規則構成了行為、想法、原則或資源稟賦等。規則決定了個體如何獨立行動，或如何因應他人及周遭環境的行動。個體為本模型是模擬許多個體行為如何凝聚成系統結構並產生浮現的型態（emergent pattern）。

這種方法常用來模擬交通壅塞、病毒或金融危機等領域的引爆點或傳染 [21]。回想一下前面提到，諾貝爾得主謝林證明了種族同質性與個體密度偏好的微小差異，長期下來可能導致與這些偏好大相逕庭的結果 [22]。

把個體為本模型套用在創業生態系統的研究仍然很少，但已經有一些例子了。在這方面，研究人員模擬了創業生態系統中新創企業形成或知識的擴散等活動 [23]。除了規則以外，創業生態系統中各種類型的行為者、他們的搜尋空間（資源與資訊）、他們的目標、他們與其他行為者的連結，一起決定了浮現系統的特徵 [24]。

對一些實務者來說，這個模型也許太抽象了，但我們相信，這很適合用來測試本書提出的許多概念。例如，新創社群的飽和

率要達到多少，才會普遍抱持「#先付出」的心態？出現連鎖傳染（cascading contagion）的神奇門檻是多少？隨著時間經過，情況會如何發展？或者，互相支持的社群成員需要達到多大的臨界規模，才足以對抗一個資源豐富但最終有害的組織（例如一個只想吸取獲利的天使投資集團，或一個政府資助但體質不佳的企業孵化器）？

對新創社群的參與者來說，這些問題的答案不僅理論上很有價值，實務上也很有價值。它們可以作為績效指引，用來設定有意義的目標，或是幫忙說明一個道理：生態系統只要稍為調整幾個行為，以促進協作或是對創業者更有助益，久而久之，生態系統的績效就會提升。個體為本模型像本章討論的其他方法一樣，並非毫無重要的限制，例如難以掌握非線性的行為或互動的全部複雜性。

應用不同的模型

雖然上述每個模型都有缺點，但它們合在一起有助於了解、描述、衡量創業生態系統。下面是每個模型及其優缺點的摘要。

現有生態系統模型的概要

模型	描述	優點	缺點
行為者與因素模型：分類法	找出角色與功能；運用這個模型時，可審查生態系統裡的人、組織、資源、條件。	可清楚描述生態系統中發生了什麼——誰與什麼參與其中；容易理解。	描述性的；通常不提行為者與因素的素質或數量，也不提他們之間的關係。
標準化衡量模型：比較法	把標準化的衡量指標套用到行為者與因素、輸入與輸出上，接著再拿來系統化地比較一個生態系統與另一個生態系統。	通常是使用現成的資料，可以跨生態系統進行比較一致的比較，以找出優劣勢及一些績效衡量；容易理解。	公式化的；常誤用來排名，那可能誤導策略，導致策略只根據表面參數，而不是根據驅動生態系統的根本連結、行為、態度。
人脈模型：關係法	按照角色、功能、方向來繪製生態系統中的人際關係；說明人脈的結構（誰是有影響力的行為者，他們如何彼此相連）。	在生態系統中建立關係；把系統結構視覺化；衡量連結性與密度（那是系統績效的關鍵因素）。	資源密集的；難以在整個城市內擴展；必須在每個地方由下而上打造；對有些人來說可能太抽象了。
動態模型：演變法	處理生態系統中的變化與演變的問題，以及成熟度或發展階段所扮演的角色。	顯示需求按發展階段而改變；幫忙找出需求是什麼；可以找出生態系統演變中的轉折點。	抽象又主觀；難以客觀地定義各個階段之間的臨界值，也難以運用資料或其他資訊來設定那些參數。
文化—社會模型：行為法	專注改善人際關係，以促進多元個體之間的合作、信任、支持。	高槓桿，行動導向；直接衡量行為與思維型態；可以評估干預措施，追蹤長時間的變化。	成本與時間密集，需要一些調查／社會科學方法的專業知識；通常不與其他地方比較；發展緩慢。

邏輯模型：因果法	以「改變理論」為基礎，這些模型迫使我們明確地陳述價值是如何創造的，以及某個行動的預期影響是什麼。	繪製一項行動在不同階段的預期影響；對專案評估及規劃有助益；行動導向；可以協調預期成果及時間尺度；顯現利害關係人的目標與假設。	理論上，複雜系統中的因果關係難以確立或不可能確立；可能對一些人來說太抽象了，不夠系統化。
個體為本模型：模擬法	模擬個別行為者的行為、想法、目標、連結如何凝聚成系統，並在多個時間週期內影響系統。	關注生態系統的核心功能，把它視為浮現現象——行為者的互動；說明型態如何隨著時間演變；找出系統性轉變的槓桿或轉折點。	可能太抽象了；對假設與輸入參數非常敏感，那些參數又很難知道；模擬所需的調整可能過度簡化複雜性與浮現的行為。

　　與其選擇一種模型，不如採取務實且全面的方法。例如，審查行為者及其角色或功能；收集現成的標準化衡量資料，以尋找優勢、劣勢或總體績效；繪製及分析人脈網絡中的人際關係及其性質；收集質化資訊，例如態度、行為、文化，並追蹤這些資訊在同一人身上的長期變化；建立改變理論並收集資訊以評估進展，藉此衡量專案；模擬一些想法或行為的傳播如何及何時促成整個系統的變化；把這些見解整合成對一個新創社群健全狀況的整體觀點。

　　總之，為了避免衡量陷阱，請記得以下幾個簡單的原則。

　　廣博而務實。沒有標準作法，每種模式都有優缺點。採用廣

泛的方法來全面評估創業生態系統，你可以使用上述所有方法，或結合你自己的一些方法。要誠實及坦然地面對每個模型的局限性，並了解最重要的因素最難捕捉，需要時間演變。

避免過度比較。當你承認你是面對複雜系統時，你就應該避免過於在乎系統之間的比較。比較雖然有幫助，但不要落入排名陷阱。雖然短期可能感覺良好（或糟糕），但複雜系統無法遊戲化。切記，最重要的比較，是比較不同時點的同一地方或同一人。

關注連結，而不是個體。洞見是來自衡量及追蹤系統內的關係，而不是系統內的個體。如果你想改變複雜系統，你應該改變其互動，而不是它的組成分子。此外，不只要了解連結及其性質，也要了解人脈的整體結構——知道誰影響力最大很重要。

追蹤一切的長期發展，尤其是變化。注意隨著時間經過發生了什麼事情，比用橫截面的方式（某個時點）衡量事物的特定類別更重要，尤其要注意個別行為者的行為或態度變化。

我從衡量創業社群十年學到了什麼

瑞特・莫里斯（Rhett Morris）

紐約州的紐約市

公益實驗室（Common Good Labs）的合夥人

過去十年間，我與蓋茲基金會（Bill & Melinda Gates Foundation）、Techstars、哥倫比亞政府等合作夥伴，領導了衡量創業社群的專案。這些專案遍及紐約、底特律、邁阿密、台北、班加羅爾、墨西哥城、伊斯坦堡、奈洛比等數十個城市。

創業風氣的衡量標準，在過去幾年顯然已經出現重大的轉變。雖然有些落後的組織依然只看那些容易計數的東西，先進的機構正在開發比較完善的衡量系統，使用網絡分析及其他學科的工具。根據我的經驗，最好的創業社群衡量策略是遵循四個步驟。

1. **定義與配合目標。** 為什麼你要支持在地的創業社群？你是想創造新的就業機會，促進經濟成長，促進對弱勢群體的包容，努力實現以上目標，還是想實現其他目標？有效衡量的第一步是明確定義你的目標。

定義了目標以後，應該協調一致。沒有一種衡量系統適合每

個創業社群。你使用的工具與方法應該是最能針對以下兩方面提供可行的回饋：

1. 社群朝你定義的目標邁進了多少？
2. 你可以做什麼以精進社群在未來達到目標的能力？

這不表示你需要從頭開始設計。我的美國合作夥伴最近想衡量在地創業社群成員的價值觀。我們不是開發一種全新的衡量方法，而是從世界價值觀調查（World Values Survey）中找出一些問題，那些問題解決了他們想追蹤的事物。這讓他們相信，那個專案可以有效地評估他們想衡量的東西，因為其他的研究者已經花時間去確保那些問題有效了。那也讓我們可以拿一個創業社群的資料去比較美國其他創業社群的價值觀。

2. **分享與討論**。創業社群是以信任為基礎。如果你想衡量在地的生態系統，你需要先成為積極的社群成員，並分享你學到的東西。（展現透明坦蕩，也可以讓你以後更容易收集到衡量資料。）

社群不只需要分享資訊。領導組織也應該把當地的決策者（例如關鍵創辦人、支持組織的領導者、投資者、在地基金會的領導者、政府官員等）都找來討論如何運用衡量的結果，以幫創業者改善情況。另外，也應該鼓勵其他的社群成員做更多的討論與簡報。

誠如本書所述，創業社群是複雜系統。在這種環境中，資料是為你的決策提供參考資訊，而不是用來「驅動」決策。有效的衡量系統可以提供許多東西，但它本身並不完整。社群領導者的觀點與經驗，應與在地衡量方式的結果結合起來，以詮釋衡量的結果及指引決策。

在召集社群領袖時，我發現一件有趣的事：讓他們預覽在地創業者的新資料，可以吸引很少參加這種社群活動的人聚在一起。這種分享行動，藉由召集更多元的領導人，可以鼓勵大家合作，促進共同目標的發展。

3. **讚揚與提升**。我經常看到數百人參加地方衡量專案的簡報。市長、部長、甚至當地「獨角獸」公司的創辦人都騰出時間來參加衡量結果的討論會。這可為領導者提供一個參與及提升創業風氣的寶貴平台。

你分享資訊的方式將成為一種重要的回饋循環，影響大家在生態系統中思考及行動的方式。領導者應該把握這個機會，表揚他們樂見的行為類型，並提高社群成員對於能夠及應該實現的目標所抱持的期望。

把那些行動可以幫你實現目標的人當成榜樣，多多宣傳他們的作為，也是很有效的方法。社群成員大多很在乎自己的地位，不管他們願意不願意承認（畢竟，這是人性）。

提高大家認為可實現的目標，以及大家覺得應該在當地採

用的行動標準，有助於防止停滯不前，並帶來更積極的行為改變。有些城市以人脈圖來衡量每個社群成員在指導及支持他人方面有多活躍。我們經常見到，在那些城市裡，大家開始比誰幫助更多人，而不是誰賺更多錢。

4. **反覆精進。** 領導者需要把衡量納入他們對創業社群發展的長期規劃中。這需要反覆地精進。

有兩件事情需要精進：社群策略與衡量的流程。社群會改變，當前的目標一旦達成，就應該更新目標與計劃。這通常需要重新調整衡量流程，以便抓取新資料來評估進度，並為如何精進提出意見回饋。

反覆進行也是成功的關鍵。有效的衡量不是一次性的活動或權宜之計。頂尖的組織現在正在為其創業社群做年度衡量、甚至半年度的衡量。

孕育獨角獸的沃土

文／李偉俠 [†]

　　當我們談到台灣經濟發展歷程時，很容易浮現過去所說的亞洲四小龍、半導體、新竹科學園區、代工和進出口貿易……等等。政治經濟學也常提到亞洲的國家導向經濟發展模式（state-led development），上面提到的經濟成果，很大程度就是國家導向發展模式的結果。

　　一九九〇年代網路技術興起後，隨著網路軟體、手機應用程式迅猛發展，小型新創團隊如雨後春筍般出現。他們沒有大企業的資源和政策支持，但是靈活快速的行動力，伴隨網路基礎設施的發達，以及資本市場的扶持，他們持續創造各式各樣的創新。即便陣亡率高，許多新創仍前仆後繼出現在市場上。

† 《創新產品鍊金術》作者；Termsoup 共同創辦人。

由於新創能帶來整個經濟體的活力和前進動能，世界各國在網路浪潮下無不想方設法扶持新創，並期待培育出更多成功故事，台灣也不例外。但過去以國家主導的經濟發展策略，與各種由上而下的措施，包括研發投資抵稅、興建園區、在特定產業提供政策補助等，是否足以繼續刺激當前經濟體的創新能量，是一個很大的疑問。

另外，美國的創新能量也讓全世界驚艷，從網路科技出現後而誕生的 Google、臉書（Facebook）、亞馬遜（Amazon）等獨角獸讓很多國家和企業羨慕不已，紛紛向矽谷取經。但矽谷模式是唯一可以學習的模式嗎？甚至是否存在矽谷模式也是一個問題。

《新創社群之道》的核心觀念

本書作者費爾德和海瑟威在協助和投資新創已經有很多年的經驗，雖然市面上已經有很多談新創的書，但這本書用複雜系統理論來描述新創社群與創業生態圈，並解釋要用什麼態度和策略扶持新創圈發展，是很難得兼顧理論深度和實務經驗的著作。

其中有幾個核心觀念值得再三咀嚼，為讀者整理如下：

第一，不同活動可歸納為三種系統：簡單系統、繁複系統、複雜系統。煮咖啡屬於簡單系統，只要照著手冊說明就可以煮出咖啡，結果好控制。編製財報屬於繁複系統，中間有很多繁雜工作，但是規則明確，仍能控制結果。這兩種活動也都屬於線性系統，投入和產出都可以預期。

複雜系統是非線性系統，投入和產出無法預期。我們雖然可以制定出一些業務拜訪的方法和訣竅，但無法掌控結果，甚至成功與否也不易有客觀定義。有很多因素會影響結果，包括參與者、銷售週期的階段、對銷售目標的預期等。新創社群也是這種複雜系統。

第二，新創社群的複雜系統使我們無法直接控制結果，我們無法預期投入多少錢就可以孵化出多少個成功新創團隊。因此，**我們能做的只有培育環境和土壤**，強化各種能刺激成功團隊出現的因素，讓成功的新創團隊自然出現。

第三，**能刺激新創社群蓬勃發展的重要因素包括七種資本**：智力資本（資訊、教育活動等）、人力資本（人才、經驗等）、財務資本（股權、補助等）、網絡資本（人脈關係、凝聚力等）、文化資本（心態、包容等）、實體資本（地方素質、基礎設施等）、制度資本（法律系統、公部門等）。

第四，在新創社群有很多行為者參與，並促進社群發展，包括投資人、政府部門、導師、教育者、大學、企業等。其中最重要的核心角色是一群有經驗或沒經驗的創業者。他們是穿針引線、聚集資源並讓資源流動的超級節點。**創業者彼此的交流學習，以及有經驗創業者的榜樣，都是讓新創社群發展的最重要動力。**

第五，不存在能直接照抄的成功模式，不同的資本組合與比重，會造就不同的新創社群，條件和特色各不相同，不可能簡化成單一模型，**每個新創社群都是獨一無二的，也沒有標準模式可以仿效。**矽谷之所以成為今天的樣子，是因為它的行為、心態、環境讓創新系統有機會出現。這通常是可遇不可求的偶然，沒有中央計劃來推動。

第六，要促進新創社群的發展，得擺脫一些迷思。例如要理解異數比平均值重要，我們不需要在意大部分都會失敗的分布，那是常態。重點在於我們能否培養出少數成功案例。在新創的複雜系統中本來就是由少量異數驅動整體價值。

這些核心概念對於我們習慣由上而下和國家政策導向的創新環境來說，的確提供另一種思路。尤其對於在創業生態圈協助創新創業發展的組織機構，會有很大的參考價值。

政策制定者、孵化機構與教育者，必讀

以下是我覺得本書可以為哪些對象帶來哪些不同的觀念省思：

▍孵化器或加速器：如何制定 KPI 才能真正幫助新創發展

在一個複雜系統裡，我們根本無法控制結果。在線性系統，我們對於投入和產出比較能預期，投入愈多很可能產出愈多。但在複雜系統投入很多未必收穫很多，太多因素在相互作用。

雖然我們無法控制結果，但能做的是在這個過程好好協助團隊和投下更多種子，讓之後成功的團隊也能繼續幫助其他團隊。在許多公部門性質較強的育成機構或加速器會用結果論設定 KPI 或當作成功標準，例如希望幫助多少團隊成立公司或募資多少金額等。在這本書中提到這種由上而下的作法未必會帶來預期結果。

或許可以嘗試將這些 KPI 從結果導向改為過程導向，例如社群交流活動的頻率、引入多少能起引導做用的資深創業者投入。只要有好的過程，好的結果會水到渠成。如果過度用 KPI 要求績效，很可能是揠苗助長。

大學育成中心和創新教育課程設計者：處理複雜系統問題和線性問題的差別

多數正在嘗試新創或對創業有興趣嘗試的學生，比較容易用線性思維看待創業：只要好好準備和學習知識，就比較可以有好結果，就像好好念書就比較可能拿高分一樣。所以參加比賽得獎或被鼓勵，很容易認為自己的方向是對的或是好的。

但在複雜系統中投入和產出是非線性的，任一節點都可能改變發展。你可能投入一百分，回收也是一百分，但也可能只回收二十分甚至零分。當學生碰到困難時，例如面對現實世界投資人的批評或市場阻礙，挫折感就會特別大，也可能不能理解問題癥結。

大學的創新創業教育設計者如果能從這本書了解創新生態圈的特色，以及如何培育更多創業家，將會對課程和活動設計有更多領悟和啟發。

政府創新政策制定者：獨角獸和牠的產地

對一個政府而言，培育出獨角獸是很值得驕傲的成果。不過在複雜系統裡，我們無法控制能否創造出一隻獨角獸，重點是培育能讓新創社群更活躍的環境，讓更多元的成功新創出現。

這本書提及的七種刺激新創社群發展的資本，是一個很好的

參考架構。除了實體資本（例如育成中心空間）、財務資本（例如政府補助）之外，制度資本是只有政府這個行為者能改善的。

若能讓新創企業的金流、人流、物流在台灣與國際市場更能接軌和流通，就是很好的發展環境。如果一方面希望讓台灣出現更多成功的軟體新創，但線上金流機制沒辦法和國際有更多接軌，軟體新創就不易往國際拓展或會被迫往外出走。

制度資本也能夠讓其他資本加速流動和聚集的效果，例如吸引更多人力資本（國際級人才）、網絡資本（國際級展會或論壇活動）、和財務資本（國際創投）。

▋ 新創圈講師和業師：幫助團隊成長的途徑其實很多元

新創圈的講師、顧問和業師也非常適合看這本書。上課和輔導只是過程，重點在於如何幫助新創團隊成長，而團隊成長也有助於自己品牌的口碑擴散。這本書描述很多真正讓新創團隊成長的因素，例如促進社群經驗交流、協助資源的串接等。這些都是講師和業師可以協助且很有價值的事情。

除了傳授專門知識之外，軟實力和個人心智成長也是讓創業者成功的關鍵。這本書提到了顧問、教練和導師的差別：

導師是讓你從他的經驗學習，顧問是讓你從他的專業知識學習，教練則是覺得問題的解決方法來自學員的內心。教練指導也與治療不同，因為重點不是療癒過去（我怎麼會變成現在這樣？），而是前進（我想去哪裡？）。

我相信這本書會對講師和業師有很多啟發，也能更了解如何進一步幫助創業者成功。

總結來說，這本書和大多數講創新創業方法的書不同，它比較不是從創業者出發講如何創業成功，而是從整個系統看新創生態和社群發展，並講解如何讓整體的新創社群從自己的地方特色持續茁壯。對於想要好好了解新創生態和協助創業者的人來說，是一本必讀好書。

PART 3

從博論點到
新創社群之道

第十二章

化繁為簡

> 最好的新創社群與其他的新創社群是相互連結的。當新
> 創社群間彼此分享想法與資源時，它們會變得更強大。
> 持續的接觸和參與會強化跨地理邊界的關係。

《新創社群之道》之所以異於傳統的創業生態系統思維，在
於它把新創社群及創業者放在生態系統的中心。所有的活動，都
集中在創業者身上。以人脈為中心的方法來面對文化、社會、行
為等因素，強化網絡關係，可以打造更相互支持、通力合作的新
創社群。

在新創社群更廣闊的社會動態中，我們（無論是個體、還是
群體）周遭的邊界放大了。無論現有資源多寡，只要改變思維、
行為、協作、分享、支援方式，就可以更有效地運作。這很難做

到，因為這需要對自己的現況負責，並改變阻礙新創社群發展的老舊思維與行為模式。然而，任何地方的新創社群都有能力立即改善現況，即使只是改善一點點。

兩種現有的「文化—行為社群模式」教我們如何因應這種改變。第一種是《新創社群》提出的「博德論點」。另一種是由黃與霍洛維特這兩位創業者、投資者兼新創社群的打造者所提出的「文化—社會—行為模型」：《雨林》[1]。系統思維是一套工具、方法、概念和語言，它可以進一步指導我們構建活動以發揮最大的影響力。

博德論點

《新創社群》的核心智識架構是博德論點，它解釋為什麼科羅拉多州的博德市這個人口僅十萬出頭的小城市可以持續孕育出許多具影響力的新創公司。雖然有一些可觀察的衡量指標（例如新創密度），但許多令人興奮的事情持續發生，使博德市充滿了活力[2]。

二○一二年，我注意到博德市有一些現象與其他的創業生態系統不同，於是乎有了《新創社群》一書裡提到的新洞見。深入

博德市新創社群經緯的，是一套得以讓創立不久的企業更可能成功發展的原則。我把那些原則加以歸納，寫成有四個關鍵組成的「博德論點」：

1. 創業者必須領導新創社群。儘管多種參與者（包括政府、大學、投資者、導師、服務提供者）對新創社群都非常重要，但創業者必須成為組建社群的領導者。這裡的創業者是指創立或共同創立過一家成長型新創企業的人。

2. 領導者必須長期投入。創業者必須長期致力打造及維護新創社群。至少應該放眼二十年的時間，而且每年更新起始點（也就是說，總是放眼二十年後的遠景）。一個新創社群若要長長久久，它的存在必須比時下的最新流行更重要，更不可或缺。或者，大家普遍把它視為一種對經濟衰退的反應。

3. 新創社群必須接納任何想要參與的人。新創社群應該抱持來者不拒的包容理念，讓任何想參與的人都能加入，無論他們是外地來的、還是創業新手，無論他們是公司創辦人、員工或只是想幫忙。包容多元性與開放性的新創社群更加靈活，適應力更強，也更堅韌。

4. 新創社群必須持續有讓整個創業圈參與互動的活動。新創社群的參與者必須持續參與——不是透過雞尾酒會或頒獎典禮等

被動活動，而是透過黑客松、聚會、開放式咖啡俱樂部、創業週末、導師帶領的加速器等催化活動。這些都是新創社群的成員可以實質、專注密集交流的所在。

　　二〇一二年以來，世界各地的創業者與新創社群的打造者採用這個簡潔但有力的架構，並根據各地的情況加以調整。從業人士接納博德論點，因為它簡單易懂，也反映了新創社群的實際情況。雖然我的方法只是經驗談，考夫曼基金會的一項研究發現，博爾論點在堪薩斯城獲得了實證——在創業者的領導下，創業風氣變成一種在地現象，建立以人脈為重的結構，以促進同儕學習及關係培養。建立這樣的社群，需要廣泛多元的創業需求與興趣[3]。

雨林

　　大約在《新創社群》出版的同一時間，黃與霍洛維特這兩位創業者、投資人兼新創社群的打造者出版了《雨林》一書。他們提出的觀點包括：

1. 創新是來自一群多元人物在互動中，結合及分享想法、技能、資本。

2. 由於人性先天不信任他人，所以不願自由、開放地接觸彼此，尤其是那些與自己不同的人。地理、語言、文化、社會地位等社會障礙阻礙了有意義的合作。

3. 這個人際接觸的議題，對影響力很大的創業活動是一大挑戰，因為它需要對多元的想法與人抱著極其開放的態度，但取得那些資源的主要方法又與我們先天不信任他人的基本人性相悖。

4. 矽谷之類的社群之所以能夠克服這些障礙，是因為它們有特別理性的文化動機與社會規範，例如互信的隱性契約，一起把餅做大的「正和賽局」（positive-sum game）心態。

5. 矽谷透過反覆實踐、以身作則、面對面的互動、社會回饋循環、信任網絡、社會契約，來維持一個以多元性、信任、無私動機、文化規範為基礎的系統。

6. 不是只要具備創意、人才、資本就夠了，這些資源在系統中的流動速度也是關鍵。降低社會門檻對於加速資源在新創社群的流動非常重要。

7. 領導者在促進及推廣這些因素的流動與融合方面扮演關鍵要角，他們激勵及領導大家以最有利於整個系統長期永續發展的方式來運作。

健全的新創社群會建立及維護一套實務與規範，讓觀點及天賦不同的個體在一個相互信任與支持的環境中一起工作，並公開分享及結合想法、專業知識與資本。根本的社會契約，透過個人互動及超越短期私利的動機，不斷地反覆加強。新創社群健全與否，全看人際關係的性質而定。

據我們所知，在「創業生態系統」這個主題中，只有「博德論點」和《雨林》這兩個重要架構是由擁有創業經驗及新創社群打造經驗的人提出來的。這兩個模型也恰好都異於比較傳統的生態系統發展方法。我們認為，這是因為創業者是以截然不同的方式看待世界。

價值觀 & 美德

落實內隱信任

從內隱信任（Implicit Trust）的觀點、而不是內隱懷疑的觀點，來看待每一段新的關係。假設多數人都是誠實正直的，不會故意騙你。這不是說你應該天真看待一切。每個系統都有壞人，或是有好人表現欠佳的情況。一個健全的新創社群身為一種有機體，會迅速淘汰不良的行為者，也會迅速原諒難免做錯決定的好人。如果你抱持內隱信任去接觸剛認識的人，

打算接納任何想要參與的人，他們更有可能以同樣的方式回應你。他們不這樣做時，他們的名聲會迅速傳播開來，他們也會得到明顯的回饋。他們不改變行為的話，新創社群會重新評估他們。

落實內隱信任原則的一種方法，是運用我的「兩振出局」規則。每次面對新的關係，我總是抱持隱含信任的觀點，只給對方一次破壞信任的機會。萬一對方真的破壞了信任，我有責任解決問題。如果他再次辜負信任，我才會終止往來。

這個原則很簡單。

這種內隱信任的方式減少了人脈圈的摩擦。當新創社群的多數參與者都從這個角度出發時，誠正的行為會變得更理所當然。

運用系統思維

創業者兼投資者霍羅維茲最近受訪時，也提出了類似的觀點，但他是用在不同的語境中[4]。記者問他，什麼因素可用來預測卓越的管理智慧，他指出兩種技能：有能力了解同仁更深層的動機與願望；有能力運用系統思維（這點對這個單元的討論很重要）。

雖然複雜架構幫我們了解新創社群與創業生態系統的特徵與行為，但如何因應它們是屬於系統思維的領域。系統思維指引我們有效地影響複雜系統[5]。

系統思維的核心是一些關鍵概念。例如，系統思維者：

■ 以全面的方式處理問題，而不是片面或孤島式（siloed）地處理。

■ 提倡持續學習、調適、韌性的心態，而不是規劃、執行、僵化。

■ 依賴直覺與綜合，而不是合理化與分析。

■ 對當前的狀況負責，知道系統的問題與解決方案都是來自內部，而不是外力造成的，也無法靠外力解決。

■ 知道有意義又持久的改變需要花很長的時間去處理深層的結構性問題，表面的權宜之計無法解決問題。

■ 做幾次事半功倍的干預以產生強化的回饋循環，比做很多次孤立的小干預影響更大。

應用系統思考家大衛・彼得・史特羅（David Peter Stroh）在著作《社會變革的系統思維》（*Systems Thinking for Social Change:*

A Practical Guide to Solving Complex Problems, Avoiding Unintended Consequences, and Achieving Lasting Results）中比較傳統思維與系統思維的要素 [6]。我們稍微修改了他的用語，並在下表中把我們的詮釋放在第三欄。

傳統思維 vs. 系統思維

傳統思維	系統思考	我們的詮釋
問題與肇因之間的關連顯而易見，且容易追溯。	問題與肇因之間的關連不直接，也不明顯。	在複雜系統中，把因果直接連在一起是一種錯覺。
問題應該歸咎於我們組織（或系統）內部或外部的其他人，他們必須改變。	我們不知不覺中製造了問題，只要改變行為就能控制或影響問題的解決。	系統本身是問題的肇因，也是問題的解方。答案來自我們自己，不是別人。
為了短期成功而設計的政策或方案，也能確保長期的成功。	多數權宜之計都會產生意外的後果。長遠來看，它們並沒有效果，甚至可能使情況惡化。	簡單的方法無法解決複雜的問題，而且往往導致情況惡化。
要改善整體，必須先改善局部。	要改善整體，必須改善局部之間的關係。	系統的改善有賴關係的改變，而不是個體的改變。
同時積極處理許多獨立專案。	持久做幾個協調的改變，就能讓系統產生很大的變化。	優先考慮影響大且持久的幾個干預措施，而不是同時改變很多東西。

資料來源：改編自史特羅的《社會變革的系統思維》

深入探究

一九九〇年，麻省理工學院（MIT）的系統科學家兼管理學

教授彼得・聖吉（Peter Senge）出版《第五項修練》（*The Fifth Discipline:The Art and Practice of The Learning Organization*）。該書後來成為對系統思維與管理感興趣的人必讀的經典。聖吉的研究得出一個架構：系統思維的冰山模型。

我們往往只注意到周遭發生的事情，因為那些事情顯而易見。這導致我們沒注意到塑造表面底下世界的更深層結構。為了有效因應複雜系統，我們必須更深入檢視驅動系統行為的結構。為了了解驅動這些行為的價值觀、信念、假設，我們必須更深入探索參與者的根本心理模式（將現實加以概念化）。

以犯罪為例[7]，表面上，我們看到犯罪發生了。於是，我們看到最近犯罪活動大增。為了深入了解，我們問「為什麼」。也許我們發現，犯罪熱潮正好與社會福利方案取消的時間不謀而合。假設我們也看到，那些犯罪分子來自貧困加劇、經濟流動性下降的邊緣群體。刪除為那個邊緣群體提供基本支援的社會福利方案，導致這個群體的絕望感與社會不安感增加，也激化了他們原本已經存在的負面信念（覺得整個社會、經濟、政治制度都以他們為敵）。

面對犯罪率的上升，表面的應對方式可能是加強警力部署或提高犯罪入獄的比例。系統思維則是採取不同的方法：透過增加

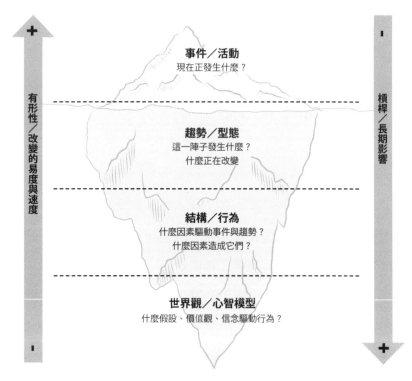

系統思維的冰山模型

社會福利方案與教育方案，來減少貧困與貧富不均。系統思維甚至可以進一步消除那些系統化壓迫邊緣群體的制度障礙。第一種干預比較容易落實，也讓那些掌權者覺得自己有貢獻（我們解決了問題！）。然而，那樣做無法改變根本的問題，而且可能導致情況惡化。

在許多新創社群中，很多人把焦點放在那些顯而易見、容易量化的表面事物上。例如，衡量新創企業的數量、創投業者投資的金額、某段期間的新創活動量。取得這些衡量數據後，再拿來和其他地區的數據比較，然後撰寫出來，不斷地宣傳。這種有關「現在發生什麼」的討論，並無法挖掘出那些驅動更深層面向的因素。

表面下方的第一層是趨勢與型態，那有部分可以從一些實用的衡量指標看出來。如果那些衡量指標只是拿出來討論及分析，而不是只拿出來宣傳，那會出現有趣的型態。關於事情如何改變以及為何改變的問題，可能很有啟發性。這裡的重點是可量化指標隨著時間經過所產生的改變。這些指標反映了社群中發生的事情。

但是，想知道什麼因素驅動新創社群，以及新創社群為什麼會演變，目前的事件與趨勢只能提供有限的視角。因為目前的事件與趨勢是系統的產出與結果。它們是當前的症狀，不是肇因。為了了解什麼驅動系統型態，你必須深入表面底下，觀察新創社群的行為、互動、人脈結構。是什麼因素驅動事件與趨勢？肇因是什麼？為什麼？

把焦點轉移到表象之下，可以讓我們探索新創社群的心態、

文化、價值觀、信念、假設。焦點應該放在轉變人類行為及消除心理障礙上（那些障礙阻止了持久變化的形成）。停留在表面或略低於表面的努力，並不會產生持久的變化，或者變化根本無關緊要而幾乎沒什麼影響。你只是在「補救一個支離破碎的系統」或「處理枝節碎末」罷了[8]，那些行動很少改變行為[9]。

為了改變新創社群，你必須處理整個冰山，而不是只處理冰山一角。

槓桿點

著名的麻省理工學院教授傑・萊特・福瑞斯特（Jay Wright Forrester）在一九五〇年代開創了系統動力學，他把「槓桿點」定義為：只要在那個點施加小動作——大家普遍採用且持續一段時間——即可在整個複雜系統中產生偶爾可預測的大改變[10]。施打疫苗就是經典的例子，小小的療程可對讓人類的免疫系統產生長期的變化。而且，當接種率達到某個人口關鍵閾值時，疫苗會顯著影響整個社會的長期健康狀況。或者，當央行調整銀行隔夜拆款利率時（看似平凡的行動），那會影響整個經濟的短期績效。

換句話說，一個或幾個適當的干預措施，與它們想要改變的

系統規模相比似乎很小，但實際上可以改變整個系統的動態與行為。它們看似渺小，卻能刺激大幅的改變。它們就是所謂的槓桿點，是影響複雜系統的關鍵。

面對新創社群時，槓桿點是你可以掌握的一股強大力量，但它們很少見，很難精確掌握。想要發現槓桿點，需要透過實驗、學習、調整，不斷地試誤。

槓桿點難以駕馭的另一個原因是，它們往往有悖直覺。也就是說，即使它們很明顯，也很容易把它們運用在錯誤的方向。福瑞斯特說：

> 大家憑直覺就知道槓桿點在哪裡……我常在分析公司後，找到槓桿點——那可能是在庫存政策上，或在業務單位與生產單位的關係上，或在人事政策上。但我去那家公司後卻發現，他們早就非常關注那個槓桿點，只是每個人都努力把槓桿點推往**錯誤的方向！** [11]

無限的相互依賴、回饋循環、延遲效應、非線性行為、歷史遺跡等等，往往使槓桿點以意想不到的方式運作。立意良善的方案，卻帶來意想不到的破壞，這種例子在歷史上屢見不鮮。

所以我們該如何了解槓桿點以及我們施力的方向呢？

達特茅斯學院（Dartmouth College）的環境科學家梅多斯以前是福瑞斯特的學生，她提出了一些指引。她開發出一種廣泛的方法來找出複雜系統中的槓桿點，並在著作《槓桿點》（*Leverage Points: Places to Intervene in a System*）中說明 [12]。她在書中詳細介紹複雜系統中的十二種槓桿點，並按影響力大小逐一解釋。

梅多斯指出，許多想要影響複雜系統的方案規模太小，範圍有限。她發現，那些想要塑造複雜系統的干預措施往往只做表面的調整。大家只稍微修改數量或參數，而不是深入探究導致整體系統行為的根本原因（或結構）和模型（或心理模式）。

我們把梅多斯提出的十二種槓桿點濃縮成四種，這四種槓桿點可以運用在新創社群上：實體、資訊、社會、意識 [13]。這四種槓桿點就像一個羅盤，指引大家到新創社群的哪裡去尋找干預點，以發揮最大的影響力。但它們也顯示，要找到它們本身就是一大挑戰，因為威力最大的槓桿點，最難看到及改變——它們有賴人類自己改變思維與行為方式。

實體槓桿是指新創社群的有形資產，例如辦公空間、資金、基礎設施、員工、公司與大學等組織。許多打造新創社群的努力就是鎖定這些領域，因為這是最直接的槓桿，有立竿見影的效果。但長期來看，實體槓桿的改變對系統的影響最小。花在這上

面的心力，形成一個回饋循環，短期內令人感覺良好，但是對新創社群的長期活力影響有限。而且，為運作不良的社群增添更多的資源，不僅影響有限，還可能加速社群的衰退。

資訊槓桿包含資料流、回饋循環、系統元素之間的連接。這方面的改善包括把新創社群的參與者連結起來，提高新創社群交流密度，使參與者無論背景均容易交換取得資訊，維持開放又包容的人脈圈，收集、分析、傳播更好的活動與專案資料。加強及創造新路徑以便回饋循環出現，放大良性的行為與想法，讓大家更了解情況。當新創社群的參與者從共同的事實出發時，就可以評估、學習、調適。然而，除非轉變根本的行為與態度，否則即使你把他們連結起來，讓他們在一起工作，改善資訊流，收集更好的資料，效果還是有限。一個融合良好、資訊充足的新創社群，卻充斥著糟糕的實務作法、規範與思維，那也不可能蓬勃發展，只是一個迅速發展的不健全社群罷了。

社會槓桿是開發規則、規範、行為、誘因、目標、結構、組織的地方。隨著愈來愈多的人參與系統，他們如何參與變得比他們是否參與還要重要。系統中不同群體之間的協作（銜接）比群體內部的協作（關連）更加重要 [14]。最終，系統目標是來自行為、規則、規範、誘因 [15]。你可以透過傑出的領導及協調幾個高

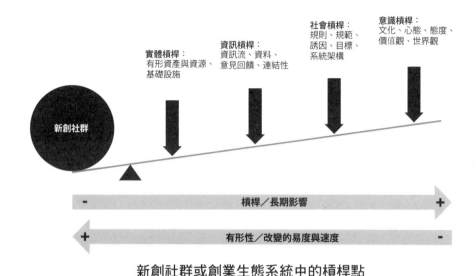

新創社群或創業生態系統中的槓桿點

槓桿的目標來改變系統。

意識槓桿代表支撐系統的價值、假設、心理模式、思維型態、信念系統、世界觀。例如，大家如何看待創業者在社會中的角色、他們如何看待幫助他人，領導角色與領導風格是什麼，誰應該為新創社群的狀況負責，信任在系統中如何發揮作用，大家如何看待問責與個人責任。在意識槓桿上，你是改變看待世界的方式以及你在其中扮演的角色，把焦點放在協作的價值、地方的管理、幫助他人上。如果個體不轉變成協作，即使有世上最好的系統組織、連結性、資源，也無法打造出持久的新創社群。

找到、應用、改進這些槓桿點通常不容易，可能需要花很長的時間。梅多斯指出：

> 我還沒有找到在複雜系統與動力系統中找到槓桿點的快速或簡單公式。給我幾個月或幾年的時間，我可以找到槓桿點。我從痛苦的經驗知道，槓桿點往往有悖直覺，所以當我真的發現系統的槓桿點時，幾乎沒有人相信我[16]。

新創社群裡有很多人與組織同時在追求特別的目標，這些目標往往相互衝突。某種程度上，這其實很自然，無可避免，甚至是健康的，因為最好的想法與策略最終會勝出。但我們也經常看到，大家追求有價值的目標時，彼此相互抵觸，產生不利的結果。這種動態通常在不經意的情況下發生，因為新創社群的參與者孤立地追求自己的目標，不知道其他人的活動，最終破壞了彼此與整個社群。

整個社群一起分享資訊與想法並討論共同的優先順位，就可以像聖吉描述的那樣，改善協調、抒解無益的衝突、讓大家專注在重要的領域上，避免「意外對立」的現象經常出現[17、18]。這種資訊分享也創造透明度與信任，促進新創社群內部的了解。相反的，缺乏開放會造成誤解與衝突。當新創社群的參與者無法看到

整個系統時，他們會自己腦補正在發生的事情或應該做的事情，這可能不是最好的行動，甚至不是反映真實現況。

面對像新創社群這樣的複雜人類社會系統時，沒有腳本可循，也沒有主演算法可套用。你會持續遇到挫折、分歧、白費心力、以及無數感覺停滯不前的時點。在複雜世界中，前進的道路本來就不確定。但這是唯一的選擇，因為把線性系統的世界觀套用在複雜系統上是行不通的。唯一的選擇是一條需要毅力、充滿不確定性的漫漫長路，而不是輕鬆愜意但註定失敗的道路。

案例分享

運用創業思維來培養大學生的創業精神

比爾・奧萊特（Bill Aulet）
麻州的劍橋市麻省理工馬丁創業中心執行董事；
麻省理工史隆管理學院教授級專業人員

我有幸在麻省理工學院教創業課程十幾年，這是一段持續學習及精進的歷程。以下是我這些年來累積的十一項重要啟示，我建議各地的大學也參考一下。

1. 定義你的術語。 你所謂的創業精神是什麼？中小企業（small

and medium enterprise，SME）與創新企業（innovation-driven enterprise，IDE）的區別是什麼[19]？何謂創新？創業與創新有什麼區別？這些差異很重要，太多人把「創業」視為一個籠統的通稱，或是只用它來指價值數十億美元的獨角獸新創企業。在麻省理工學院，我們認為創業不只是新創企業。

2. **理解你的使命，不要分心。**除了推動創業的個人以外，還有三個群體也有關連，每一個都很重要，但目標各不相同。經濟發展組織（例如公家資助的區域計劃）想看到大量公司誕生。投資機構（例如創投、天使投資集團）想投資高成長公司以獲得高報酬。學術機構（例如學院、大學、教育中心）應該指導創業者如何成功，藉此培養創業人才。大家通常很想模糊這三類群體之間的界限，也很容易這樣做，但長遠來看，那樣做有極大的破壞性。當學術機構承擔創造或投資企業的角色時，那會扭曲動機，因此大幅降低創業教育的效果。學生也明白這點，他們是把我們視為專注於個人發展的教育者，還是推動特定結果的投資者？他們應該開誠布公地面對我們，還是應該極力吸引我們投資？那些我們沒有投資的對象後來怎麼了，這會傳達出什麼訊號？當我們不再是百分之百的教育者時，就失去了「誠實中間人」的獨特性。大學應該專注在其獨特的使命上：以教育為優先。創立的公司數量、募集的資金、創造的就業機會、獲得獎項等虛榮指標會分散大學的注意力。

3. **創業精神是可以學習的。** 歷史上,大家普遍認為,創業成功是先天的天賦,不是後天的養成,但資料顯示事實並非如此:一個人投入創業的次數愈多,成功的機率愈大[20]。身為連續創業者,我知道這是真的。第二次創業時,我懂的比第一次多。第三次創業又懂更多了。生活中的許多事情都是熟能生巧,創業也不例外,資料不會說謊。所以,現在問題變成創業是可以教導的嗎?我覺得可以。

4. **創業是一門手藝。** 很多人談到創業教育,就感到失望,部分原因在於他們希望這個領域是一門確切的科學,也就是說,如果我們做了 A 和 B 和 C,就會得到結果 D。但實務上,創業根本不是那樣運作的。創業也不是一門抽象的藝術,不是只有少數有天賦的人創業成功。創業是一門手藝,每個人都可以做,每次的結果都不一樣[21]。創業也是可以學習的,因為一些基本概念可以提高你的成功機率。創業就像手藝,可以透過學徒模式來傳授,透過實際應用理論(基本概念)來學習,把知識轉化為能力。

5. **創業不是觀賞性的運動賽事。** 創業教育應該偏重實務,而不是聽課與反思。實際動手並做出成果是創業者的原則。

6. **創業是團隊運動。** 許多學者的研究顯示,創業團隊的成功率比單一創業者高出許多[22]。大家太注意創業者是否有絕妙的創意,但太少關注創業團隊的實力[23]。這是我們要求學生投入專案團隊的原因。他們也必須學習做出「如何增加與

淘汰團隊成員」這種棘手的決定。團隊是創業成功的關鍵因素，也是大學的創業課程中必須模擬的活動。

7. **創業教育仍在起步階段。**相較於金融、會計、策略、組織設計等其他商管學科，創業教育是比較新的學科。因此，集體知識庫仍持續發展。嚴謹優質的創業教育供不應求。我們必須避免以不太嚴謹的講故事方法來填補這種供需落差，因為這種方式有時認為，把成功的創業者聚集在學生面前，讓他們滔滔不絕地講述努力工作之類的陳腔濫調，就足以為未來的重大挑戰做好準備[24]。講故事在培養創業精神方面雖有效果，但無法取代嚴謹基礎知識的傳授。

8. **系統思維不可或缺。**每次我聽到簡單的創業方案時，就渾身不自在。創業是一種多面向的複雜挑戰，需要系統思維，而不是線性思維。我們必須在系統的組成分子之間不斷地尋找連結與關係。同時，我們必須了解，行動與行動的效果之間有時間延遲。教學時，這樣做令人畏懼，因為這使人難以評估任何專案的成效。然而，系統思維是培育優質創業者的唯一方法。你必須嘗試、學習、調適、迭代反覆改良，總是思考任何行動的連鎖反應。

9. **有通用語言的開放系統是擴大規模的最佳方式。**集體智慧大於個體智慧。創業知識不是來自一個人、一個機構或一個國家。如果我們想要塑造一種受到學者、從業者、學生尊重的學科，我們都必須做出貢獻。我們用工具箱的比喻

來構建我們的教育方法，我們在其他領域看到適合學生的工具時，也會把那些工具融入課程中。我們不斷從許多來源收集新的工具，並把它們整合到現有的工具中。當新的概念證明有價值的，我們可以輕易把它們整合，不需要拋棄以前累積的所有優質內容。我們是以之前的內容為基礎，持續精進，然後與創業社群的其他人分享我們學到的東西。

10. **應用 4H**。在麻省理工學院，4H 是我們創業教學的核心。第一個 H 是「**心**」（heart）。創業不僅需要敢於與眾不同、探索未知，還需要了解未來的艱難旅程，並相信成功是可能的，相信付出一切努力最終都是值得的。接下來的兩個 H 是頭（head）和手（hands）。我們必須教學生最基本的原則與知識，以提高他們的成功機會——這是「**頭**」的部分。然後，我們必須設立專案，讓學生邊做邊學，把知識轉化為能力——這是「**手**」的部分。這種理論與實務的結合是必要的，因為這樣做同時強化及深化了兩者。最後一個 H 是「**家**」（home），這是指打造一個蓬勃永續的社群，並成為貢獻卓著的成員。創業者缺乏很多資源，所以他們必須發揮效率，各自打拼。他們需要有一套核心技能，但也要與其他的創業者及合作夥伴建立社群，以確保自己的公司和整個社群都成功。

11. **樂在其中！**失敗是創業過程的一部分，太在乎面子的話，

不僅自己撐不下去，公司也難以生存。身為教師，我們以身作則來教導學生。所以，教學時，我們也不要太在乎自己的面子，只在乎教學的責任。讓自己樂在其中，也教學生如何享受團隊合作的樂趣。創業的路上有無盡的顛簸，我們都需要維持高昂的士氣才能生存及蓬勃發展。

第十三章

領導是關鍵

創業者必須領導新創社群。不是由創業者領導的新創社群不會成長、蓬勃或持久發展。

博德論點的第一原則是,創業者必須領導新創社群。當時我那樣寫,並沒有想到複雜系統中的「傳染」(contagion)概念。我們寫這本書時才意識到,創業者之所以需要領導新創社群,傳染是一個根本原因。

多數人聽到「**傳染**」這個詞時,反應是負面的,他們會想到有害事物的傳播,例如疾病或金融危機。我們把這本書送到出版社做最終修訂時是二〇二〇年四月,正值 COVID-19 在全球肆虐,更讓大家都痛苦地想起這個現實。

然而,傳染也可以是一種強大的力量,可以用來做好事,因

為它也可以傳播正面的行為與態度。在複雜系統中，想法、行為、資訊可以迅速傳播給許多人。在一個緊密連結的時代，這個效應又放大了。於是，有益的作法迅速傳播，有害的行為也獲得了強化。聲望高或知名的人放大了好的與壞的行為。遺憾的是，無論本質好壞，都有放大效應。有時糟糕的想法與行為似乎比有益的想法與行為更容易傳播。

正向效益強化了傳染效果裡好的一面。某件事情進展順利時，會有更多人接納那些價值觀，於是傳染的速度也變快了。那不是一種線性的改進流程，正向的回饋循環會出現指數型成長，久而久之會產生狀態變化。

相反的，有害的想法與行為傳播時，新創社群的領導者必須積極避免強化它。不要火上添油，以免助長聲勢。例如，一位糟糕的行為者濫用權力或苛待創業者時，與其繼續忍受苛待，創業者應該尋找其他的方式做生意，避免與那個糟糕的行為者往來。或者，某個參與者的運作方式與健全的新創社群背道而馳時，不要繼續把那個參與者完全納入新創社群中，以免強化其行為。由於那個參與者可能有非常豐富的資源，只有在新創社群有凝聚力，而且可替代資源的量體組成規模達到某個臨界規模時，這個方法才有效。

以一個政府資助的創新中心為例，這個創新中心位於一個創業資源有限的城市。當這個創新中心很自然地展現出一些不太健康的行為，試圖掌控新創社群的發展時，很容易讓每個人都覺得必須配合，因為那是當地的唯一選擇。然而，如果當地的創業者以公開合作的方式運作，不積極回應創新中心想要掌控新創社群的作法，就可以阻止創新中心在新創社群製造負面傳染力的能力。如果創業者接納創新中心的人員，但只和他們做健康的合作，創新中心可能會改變其不當的運作方式。這種轉變通常需要好一段時間才看到成效，所以有賴創業者持續這樣做。

負面傳染力隨處可見。《新創社群》裡舉了一個例子：**大老問題**（patriarch problem）。這是指一個城市中的有權人士（通常稱為「城市大老」）掌控及限制下一代的領導人，而不是提攜後輩。這種情況下，你是誰及你認識誰，比你知道什麼或做什麼更重要。創業者應該遠光放遠，忽略那些大老，同時包容任何想要參與新創社群的人。未來終究會有開明的大老出現，跟著後輩一起努力，其他的大老會逐漸凋零。

以經驗豐富的創業者來說，他們有一種負面傳染力的破壞性特別大：小氣創業者問題（bitter founder problem）。這是指上一代的成功創業者拒絕幫忙現今的創業者。他們對於自己以前創業

所經歷的挑戰感到憤怒，覺得既然他們以前在不發達的新創社群裡創業成功，其他的創業者也應該吃同樣的苦，甭想獲得他們的協助。

這種思維非常短視近利。他們不協助下一代的創業者，而是堅持認為創業者都應該經歷同樣的挑戰，被剝奪同樣的資源。但即便他們的心態與行為如是，市場最終還是會經常孕育出高價值的公司，新創社群會發展到得以持續成功的臨界規模。這種情況發生時，這些小氣的創業者會被拋在一邊，遭到新創社群的忽視。他們眼看其他創業者的成功，會覺得更加憤恨不平，最終，這種小氣創業者不僅劃地自限傷了自己，也導致新創社群無法獲得他的參與、資源與經驗。這對所有參與新創社群的人來說都是損失。

我們建議這些小氣創業者，以及其他試圖以自私的方式掌控新創社群的糟糕行為者，不妨想想達賴喇嘛的建議：「人生在世的主要目的是助人。即使無法助人，至少不要害人。」

為人師表

創業根本上是一種學習的過程，你是在學習了解自己的產

品、團隊、公司、客戶，尤其是自己。如今大家普遍了解也承認，導師可以大幅幫助創業者因應高成長創業過程的種種挑戰[1]。

導師通常是經驗豐富的創業者，或是在商業、產業或技術方面有深厚專業知識的人。他們也有合適的性格與溝通技巧，同理及支持其他的創業者，幫創業者培養成長心態[2]。他們有相關的知識與特質，幫創業者因應創業及擴大事業規模的諸多挑戰。他們必須激勵、挑戰、引導、質疑、誠實且直接、表現出學習的渴望，最重要的是，真心關切他指導的後輩做得如何[3]。關於如何成為有效的導師，多數的資訊與學習來自觀察或與其他前輩導師交流。不過，Techstars 之類的組織已經開始將這些經驗編纂成檔案（例如「Techstars 導師宣言」），以及持續積極地培訓導師，來整理導師的養成指南[4]。

時間一久，相互學習會變成導生關係的基本要素。然而，一開始，導師必須以學員的需求為優先。這種經驗的傳承不能像其他的優先要務（例如金錢獎勵）那樣衡量[5]。《新創社群》裡提到：

導師是經驗豐富的創業者或投資者，他們積極為新創企業奉獻時間、精力與智慧，是新創社群的一分子。

大家常把顧問與導師這兩個詞混為一談。顧問與他輔導的公司有金錢關係，相反的，導師沒有。導師幫助新創企業時，沒有明確的結果目標或金錢回報。

導師制、分享學習心得、相互支持是蓬勃新創社群的核心。經驗豐富的創業者應該把時間與知識奉獻給下一代的創業者。好的導師不會期望從這種指導關係中獲得什麼，他應該抱持「＃先付出」的態度，讓關係自然地發展。

新創社群的領導者應該積極接納導師的角色，並在日常活動中為這個身分騰出時間。這種指導分成三個層次：指導其他創業者、指導未來的新創社群領袖、相互指導。最終極的導生關係是雙向的，亦即導生之間在長期相處下教學相長。根本上，導生關係是一種人脈，而不是階層關係。同儕互為彼此的導師，對新創社群是非常強大的力量。

以創業者為榜樣

創業者可以作為榜樣，發揮重要的領導功能[6]。社群中有創業者及創業成功的例子時，可以讓下一代的創業者知道，創業是一種可行的職涯選擇[7]。這些榜樣可以激勵有志創業的人放膽豁

出去，也鼓勵現有的創業者在經歷創業的起起伏伏時堅持到底。

在創業不是那麼盛行的地方，這種具體的實例特別重要。這些成功實例的在地特質，使他們變得更顯眼具體。讓成功的創業者成為顯著的焦點，站出來講故事，提升其地位，非常重要。有志創業的人會因此受到鼓舞及激勵，就像其他講究表現及創意的職業一樣（例如音樂、電影、運動）。

當榜樣以身作則，展示什麼可行、什麼不可行，並為大家的為人處事定調時，他們的影響力最大。擔任導師就是一個強而有力的例子。《新創社群》裡提到：

> 最好的領導者也是優秀的導師。他們知道為人師表也是身為領導者的一個重要功能，所以會把一些精力放在這上面。
>
> 最重要的是「以身作則」。以我為例，我不斷告訴大家為什麼當導師很重要，我也會身體力行，指導後輩。

當你回饋下一代、不求回報地幫助他人、保持正直、包容任何想要參與社群的人時，就會提高其他人仿效的機率。回饋循環會把這種正面的行為傳播到整個新創社群中，這也是正面傳染力的好例子。

身為領導者

讓自己成為改變的力量。指導後輩，指導那些缺乏經驗的人，傳授他們新創社群之道。回饋社群，以身作則，樂在其中。

蘇斯博士（Dr. Seuss）一九七一年出版的童書《羅雷司》（*The Lorax*）為這個原則做了最棒的詮釋，他寫道：

> 除非有人像你一樣那麼在乎，
> 否則情況不會好轉，
> 真的不可能。[8]

關鍵領導特質

領導風格有很多種，而闡述各種領導風格的領導架構幾乎也一樣繁多。例如，一種架構把領導分成以下幾類：教練、夢想家、服務者、獨裁者、自由放任者、民主者、引導者、變革者。另一種架構把領導分成以下幾類：魅力型、變革型、自由放任型、交易型、支持型、民主型。還有一種架構把領導分成以下幾

類：結構型、參與型、服務型、自由思維型、變革型。新創社群中的個別領導者可以有很多不同的風格，不需要領導架構來分類，但新創社群的領導者有幾個關鍵特質。

根本來說，領導者必須是人，而不是組織。雖然博德論點主張「創業者必須領導新創社群」，但我們也發現「參與者」也可以扮演領導的角色。如今，這些參與者稱為新創社群的組織者、新創社群的領袖、或新創社群的打造者——這些都是鼓動者，他們是人，不是組織。一個組織試圖成為領導者時，局面很快就會分崩離析。這些組織應該成為創業者與新創社群的支持者。

領導者應該成為改變的推動者。事實上，改變的推動者正是創業者與領導者的本質。在打造新創社群與創業生態系統的過程中，大家非常關注外部環境如何塑造創業者，卻很少關注創業者如何塑造周遭的外部環境，這點令人訝異[9]。

領導者應該直接去做自己想做的事情，不需要徵求別人的同意，或等著別人告訴他們該做什麼。雖然有些事情會成功，有些事情會失敗，但領導者的持續實驗就是新創社群發展的基礎。這種「身為改變的推動者」的特質，符合「直接採取行動、不徵求許可」的領導風格。

系統思維的一個核心要件是，接受我們就是問題的肇因，也

是問題的解方。新創社群的參與者必須改變心態，不要把失敗歸咎於他人，而是勇於承擔責任。雖然沒有人願意為失敗承擔責任，但參與者有必要為新創社群承擔責任。系統思維者史特羅在《社會變革的系統思維》中寫道[10]：

這種方法的另一個重要效益是，它強調責任與賦能。每一天，我們環顧四周，都會看到一度看似精心安排的計劃衍生出乎意外的後果。當初無論是誰策劃那個活動，想必都是立意良善……

為了解決任何複雜問題，每一位參與者都需要意識到自己在無意間也促成了問題。一旦他們了解自己對問題的責任後，就可以從一個地方開始著手：改變系統中他們最能掌控的部分，也就是他們自己。

尋找外部解方是一種不負責任的形式，當新創社群的參與者說服自己相信，答案在「外面」，而不是在「裡面」時，就會發生這種情況。

更多的外部資源只會導致問題加劇。那就像彩券中獎者的詛咒：普通人一夕爆富後，往往不是從此過著幸福快樂的生活，而是陷入絕望。事實證明，在一個搖搖欲墜的基礎上挹注數百萬美

元，只會加速它的崩潰。即使全世界的創投業者、孵化器、共同工作空間都來幫忙，也無法拯救一個積弱不振的新創社群。

最終，當新創社群的參與者，尤其是領導者，把他們面臨的問題歸咎於他人時，那會製造出一種有害的環境，導致任何人都難以成功。為問題承擔責任是必要的。與其請求別人或外力來拯救你的新創社群，不如主動去領導變革。勇於承擔責任是領導力的真實展現，知道命運掌握在自己手中，可以使人更加從容自在。

承擔責任不單只是不歸咎別人而已，也是指掌控局面。新創社群對創業者的助益，取決於創業者投入的程度。等待別人來領導，只會導致失敗。

創業者主導的融資模式
如何打造社群及幫助創業者

珍妮・菲爾丁（Jenny Fielding）

紐約州的紐約市

Techstars 的執行董事；

The Fund 投資公司的創辦人兼管理合夥人

紐約是創業的絕佳地點，這裡充滿了人才、企業、客戶，當然，還有為數眾多的創投基金與金主，數量僅次於矽谷。表面上一切看起來都很棒，但深入觀察會發現，紐約新創企業的融資選擇其實很有限。

雖然很少人提起這件事，但我在紐約的 Techstars 專案中親眼看到這個問題。我一再看到傑出的創業者創立影響力很大的公司，卻難以在本地取得第一筆資金，不得不前往西岸的矽谷募資。既然有那麼多的資金流到紐約，為什麼還有這種募資缺口，實在令人費解。

為了解決這個關鍵挑戰，一些經驗豐富的在地新創企業創辦人與經營者聚在一起，深入探索創投基金與天使投資的動態。我們想找一種方法，以確保早期資金流向那些最需要資金的新創企業。

我們評估後發現三個問題。首先，創投基金這個產業幾乎沒什麼演變，尤其是在產出方面。創投基金擴大營運的效果不好，創投基金的成員有限，他們投入的時間與精力決定了創投基金的生產力。

第二，紐約的創業者與營運者比多數的創投業者更早看到交易。由於紐約市有活躍的新創社群，那些從創投業者獲得資金的創業者，會成為新一批創業者尋求建議、指導、商業模式開發、融資、引薦創投時最先找的對象。然而，儘管這些業者率先知道這類交易，他們很少成為積極的天使投資者，原因很明顯：他們忙著打造自己的公司，大多沒有閒錢每年挹注大筆資金在那些交易上。

第三，儘管成功的矽谷創業者長久以來習慣把財富投資在下一代的創業者身上，這種心態在紐約不是那麼普遍。紐約的創辦人通常會把財富拿來購買房地產或旅遊，而不是成為新創企業的天使投資者。

這三個問題構成了完美風暴，為了因應這個完美風暴，我們創立了 The Fund 投資公司，善用創業社群的創業者與經營者的集體力量與資源，以突破創投基金的傳統限制與約束。我們聚集了七十五位紐約的知名人士，共同的使命是解放資本，與那些在紐約創業的下一代創業者分享專業知識。我們一起投入資金、人脈、知識、時間，以一種全新的方式來幫紐約市發展科技生態系統。這是一個實驗，我們樂在其中！

我們只關注紐約市，我們的投資人及投資的組合都在紐約市，因為我們認為，這樣做可以找到最好的交易，有效地支持我們投資的公司，也幫忙打造我們的社群。沒錯，我們認為這是有利可圖的，但同樣重要的是，這是為了社群發展，是為創業文化創造動力，創業文化的延續遠比單一基金的存續還久。我們不是天使投資團隊，也不是投資偵探專案（scout program），我們不會取代傳統的創投基金。我們正在建立一種新的模式，專門鎖定剛草創的公司，那是創業者（尤其是缺乏經驗的人）最需要外部支援的時候。

我們把投資視為一種社群的集體力量，也讓基金的動態反映這個信念——我們與一群核心的營運者分享基金獲利。這種結構為紐約市一些最有經驗的創辦人與營運者提供了非常強大的誘因，他們不僅把資金投入那些充滿前景的新創企業，更重要的是，他們也投入時間與專業。

打造 The Fund 投資公司的每個人都是刻意兼職參與。我們堅信，創始成員積極參與創業社群比全職投入更重要。我們把大部分的工作時間花在自己創立的事業上，藉此充分沉浸在新創企業的生活中，貼近最有前景的交易。

我們的社群有一個蓬勃的數位據點與實體據點。交易尋找、討論、查證是在網上集體進行，網上的熱烈討論可為投資決策提供資訊。每個月我們會聚餐一次，培養關係，分享經驗。我們公司有些創辦人所創辦的事業涵蓋醫療保健、加密技術、數位

媒體、SaaS、消費業、金融科技、硬體等領域。這種豐富知識讓我們能夠跨產業橫向投資，也可以垂直投資。我們也相信及支持多元化，我們的投資委員會中有五〇％是女性；我們的投資標的中有超過五〇％的創辦人是女性或有色人種。

The Fund 是刻意維持小而美的規模，但我們的願景宏大。我們想像每個城市、每個地區、每個社群都有一個像 The Fund 這樣的投資公司。為了實現這個夢想，我們已經寫好腳本，做好準備，打算在更多的地點推出同樣的投資公司。現在是我們擴大規模的時候了。

第十四章
長遠思維

領導者必須長期投入。領導者應該有至少在新創社群投入二十年的承諾，並把長遠思維融入策略與決策中。他們應該每年重設起始點，總是放眼從當下起算二十年後的遠景。

博德論點的第二原則是，領導人必須長期投入。最初，我把它定義為二十年，那與傳統上一個世代的定義大致相符[1]。我這樣做是為了幫「長期」這個詞增添一些特質。但後來我與一些新創社群的人討論這個議題時，意識到我的本意是指「持續抱持長期觀點」。所以，我把「二十年的觀點」改成「從今天起算二十年的觀點」，並舉一個例子說明：雖然我在博德市住了二十五年，現在我不是抱著「負五年」的觀點，而是從第二十五年放眼

第四十五年。

這個觀點正好呼應了複雜系統中變化出現的方式。變化往往不是一致及持續的，而是不成比例（非線性的）或看起來幾乎是瞬間的（相變）[2]。最近的例子包括阿拉伯之春或美國的「#MeToo」（注：二〇一七年爆發哈維・溫斯坦〔Harvey Weinstein〕性醜聞後，在社群媒體上廣傳的主題標籤，目的是譴責性侵與性騷擾行為）和「#TimesUp」（注：由好萊塢藝人發起反性侵活動，並與溫斯坦效應和 #MeToo 相呼應）運動。在這些運動中，一些勇敢的人引發了重大的系統變革。這些變化來自長期累積的力量，只是在突然之間爆發了明顯的轉變。

引爆點是指情況、過程或系統一旦超過某個門檻，就會發生無法阻擋的重大變化。本書付梓之際，隨著 COVID-19 的疫情以人類難以處理的方式擴散，世界各地的人都面臨這種情況。在新創社群中，出現眾所皆知的創業成功案例，或採用某種道德行為達到臨界規模時，也會發生這種情況。相反的，連續發生眾所矚目的失敗、道德缺失或不當行為時，也會出現這種情況。引爆點可能頓時改變平衡，使大家開始普遍採用有益或有害的行為與態度。

這些引爆點促成相變，破壞了線性系統思維及資源導向作

法。系統不是靠穩定增加的資源投入來達到想要的產出，出乎意料的活動會刺激引爆點出現。引爆點不是對應特定的資源投入或明確定義的產出，而是突然顯著地出現。就像水壩決堤一樣，某一刻之前，水壩滴水不漏，但下一刻爆開後，生態系統便發生顯著的變化，開始過渡到一個新階段。

十多年來，外界對博德市新創社群的批評是，它很棒，但規模太小，太偏僻，無法支持一家上市公司。然後，從二○一三年的年中到二○一四年的秋季，短短時間內，兩家十年前在博德市創立的公司以高市值上市，還有一家以十二億美元的高價被收購[3]。突然間，博德市裡，除了有幾位非常成功又富有的創辦人以外，還有數百名員工因為配股而一夜間變成百萬富翁。博德市的新創社群發生了巨大的變化。

進展不平均，而且通常感覺很慢

線性系統呈現穩定又一致的進展，或者至少可以根據資源與精力的投入來預測進展。複雜系統則相反，進展不可預測，也不一致。有些時期進展明顯，但隨後出現停滯或衰退期。你可能覺得自己有進步，後來卻發現什麼也沒變。這種動態可能令人沮

喪,尤其當你感覺做了很多事情,卻看不到明顯的進展,甚至發現退步了。當外部因素影響一個系統的總體動態時,這點更是明顯,例如二〇〇七年到二〇〇八年的全球金融危機,或二〇二〇年的COVID-19。

新創社群中的人際互動驅動著社群的表現。每個參與者都有獨特及共同的生活經歷、根深柢固的思維模式、行為特質。當新創社群中出現新事物,讓參與者接觸到新想法與新經驗時,每個人都需要一段時間來吸收及接受發生的事情,以便融入新事物,摒棄舊事物。

有多種回饋循環會出現。有些方法有效,但許多方法無效,問題與反應的出現不平均,有延遲現象。那些問題往往早在我們意識到之前就存在了,改進也早在我們注意到它們的影響之前就做了。不過,把一套有益的行為與態度套用在複雜系統上時,它們會發揮持久的效果,產生強大的慣性效應,那是有韌性的,有助於推動新創社群向前發展。

許多人不知道,矽谷的種子在一百多年前就種下了[4]。一九五〇年代初期,弗瑞德‧特曼(Fred Terman)領導開發了現在的史丹佛研究園區(Stanford Research Park),但他早在一九三〇年代就一直鼓勵他的史丹佛學生創立高科技企業,甚至還投資了其

中一些公司[5]。一九五七年發生了一個關鍵的催化事件（當時發生了多起事件，但這個事件最大）：八叛逆離開肖克利半導體，創立快捷半導體。我們很容易指出今天的成功，卻不知道那成功是怎麼來的。矽谷是醞釀多年的成果，而且持續演變至今。

身為新創社群的領導者，你必須堅持下去，信任流程，並接受結果可能跟你預期的不一樣。持續放眼未來二十年是必要的，因為沒有固定的目的地可以抵達。你可能覺得很長一段時間毫無改變，但突然之間，又因為你做的所有事情，一切都在一夕間改變了。接著，又有更多的事情發生，情況又改變了。

價值觀 & 美德
信守承諾

直言不諱，說到做到。你需要讓大家相信你的話，相信你會履行承諾。建立信任及創造社會資本是維繫人際關係的黏合劑，也是維繫新創社群的黏合劑。大家往往因為對自己的能力有不切實際的想法或不敢拒絕他人的請託，而疲於奔命，無法履行承諾。這種行為缺乏透明與誠實。當你意識到你承諾做一件你做不到的事情時，要勇於承認，並與對方溝通。如果你不想做某件事，就應該拒絕。

不管是什麼原因，當一個人承諾做某件事，卻又無法履行承諾時，那一定會破壞信任，並在新創社群中播下不滿的種子。聲譽是整個系統都知道的，資訊在新創社群中傳得很快。如果大家都知道你不可靠，就不想與你共事。更糟的是，如果你是新創社群的領導者，其他人可能還會有樣學樣。於是，新創社群可能開始流傳一種錯誤的想法，覺得為人處事不可靠也沒關係，但事實並非如此。

可靠性作為一種凝聚力，是一種行之有年的實證方法。德國哲學家馬克斯・韋伯（Max Weber）在一九〇五年寫道，西方資本主義的基礎，源自於清教徒所主張的誠實、互惠、信守承諾等道德規範[6]。這種模式與如今資本主義演變出來的模式相差甚遠，因為我們現在生活在一個比較正式、契約導向的交易世界裡。但資本主義早期的靈感來源是新創社群應該採用的模式。

新創社群在流動性較強、不太正式、交易性較少的環境中運作得比較好。達成這點的一種方法是證明你很可靠，尤其當你是領導者時，更應如此。

無盡的長期賽局

你投入無盡的長期賽局時，需要超越時間的概念。考慮到經

濟週期、政治時程、教學年度、最近的短期趨勢，我們在當今社會中很難做到這樣。公司按季度及年度的節奏運行。學術界採學年制，還有寒暑假，週期與日曆年不一致。政治週期是兩年或四年一屆，其中至少有二五％的時間耗在選舉與過渡上。總體經濟週期的時間範圍並不確定，對不同地區與產業的影響看似隨機。

雖然這會影響新創社群，但領導者必須以一種全然不同的參考架構來運作。新創社群必須以世代循環來運作。雖然參與者（feeder）必須在其組織的規範與脈絡中發揮作用，但他們與新創社群互動時應該採用長遠的觀點，尤其他們在參與組織（feeder organization）中扮演領導角色時更應如此。領導者缺乏長期投入的心態，會阻礙新創社群的健全發展。

雖然特曼可能為矽谷創造了一個引爆點，還有許多單位也創造了引爆點。例如，惠普成立於一九三九年；快捷半導體成立於一九五七年；. 史丹佛研究中心（Stanford Research Institute）於一九六九年連上阿帕網（注：ARPANET，高等研究計劃署網路，通稱阿帕網。是美國國防高等研究計劃署開發的全球第一個封包交換網路，也是全球網際網路的鼻祖）；全錄帕羅奧多研究中心（Xerox PARC）成立於一九七〇年；產業巨擘蘋果、雅達利（Atari）、甲骨文（Oracle）等公司都成立於一九七〇年代。即使

是 Google，也已經立業二十幾年了，臉書不久之後也會成為老字號企業。矽谷的連結橫跨了時間與公司的界限。

打造一個蓬勃永續的新創社群需要花很長的時間，接受這點是目前新創社群面臨的一大挑戰。「不控制的理念」是新創社群永續發展的必要條件。想要迫使事情發生或專注在比較容易但影響較小的問題上，是人之常情。但我們必須抵抗那種衝動，讓複雜系統自然地演變。

誠如我在《新創社群》中所寫的：

如果你有志成為新創社群的領導者，卻不願意在當地生活二十年，並在這段期間努力領導新創社群，那你該問問自己，你想成為領導者的真正動機是什麼。雖然你可以在短期內發揮影響力，但是為了維持一個蓬勃的新創社群，至少需要一些領導者那麼投入才行。

雖然目前世界各地的城市都對創業非常感興趣，但循環以及轉移注意力的外生因素總會發生。當無可避免的阻礙出現時（例如 COVID-19），新創社群的領導人必須持續領導。如今來到二〇二〇年的春季，新創社群及其領導者的韌性正經歷重大的考驗。

致力長期奉獻的領導
如何幫德拉謨市的新創社群轉變
及加速發展

克里斯　赫弗利（Chris Heivly）

北卡羅來納州的德拉謨市（Durham）

Techstars 的資深副總裁

北卡羅萊納州德拉謨市的新創社群跟許多優秀的新創社群一樣，也是由致力投入的領導者由下而上，以意想不到或有悖直覺的方式，把許多要件匯集在一起的結果。德拉謨的轉變是一個跨世代投入與演變的故事。但是，要真正了解德拉謨近二十年的復興歷程，你需要先了解其創業歷史。

二十世紀初，德拉謨的菸草與紡織業非常蓬勃。美國菸草公司（Lucky Strike 香菸的製造商）非常巨大，一九四五年的總營收高達五十四億美元（通膨調整後的數字）。對當時人口不到七萬五千人的南方城市來說，這是一筆不小的數字。

德拉謨和許多的南方城市一樣，眼看著在地的主要產業崩解衰敗。菸草業與紡織業（德拉謨的第二大基礎產業）紛紛關廠，移到海外。一九九〇年代，這座城市比較廣為人知的，不是菸

草業與紡織業，而是因經典電影《百萬金臂》（*Bull Durham*）以此地為背景而聞名。一九九〇年代末期，德拉謨市區的空屋率始終高掛在五〇％左右。位於德拉謨市中心，占地一百萬平方英尺（約28100坪）的美國菸草公司總部也廢棄不用了。

不過，此刻，就等著一個出乎意料的英雄出現，一切即將改變。

德拉謨的復興是從多方面開始的。位於附近羅利市（Raleigh）的國會廣播公司（Capitol Broadcasting Company，CBC）是一個家族經營的廣播事業，如今由第四代接手。CBC在社群參與方面有悠久的歷史，或許最引人注目的是它收購了小聯盟棒球隊「德拉謨公牛隊」（Durham Bulls），並隨後與德拉謨市合作，一起開發新的市中心棒球場。棒球場對面坐落著德拉謨那座已經廢棄的傳奇菸草工廠，名叫美國菸草園區（American Tobacco Campus，ATC）。CBC試圖說服幾家地產開發商來承接ATC的重新開發案，但始終沒有成功。因此，儘管CBC對商業地產所知有限，它於一九九九年獨自承接了這個專案，並於後續四年重新開發了那個園區。

那麼，德拉謨公牛隊、一個廢棄的菸草工廠，一個空樓率高達五〇％的市中心、一個職涯起步較晚的南方人吉姆・古德蒙（Jim Goodmon）所領導的第四代家族，有什麼共同點呢？

二〇〇九年，當地一群熱愛創業的創業者開始尋找平價的創意

空間作為聚會地點。教堂山（Chapel Hill）有北卡羅來納大學與大學城的氛圍，但可用的工作空間有限。羅利市有許多房地產選擇，但幾乎都太大，太分散了，無法凝聚有意義的臨界規模。德拉謨有底蘊（廢棄的建築、歷史），還有一個領導者聽到了召喚（吉姆・古德蒙），願意投入時間與金錢來扭轉這個城市。

多年後，ATC 容納了一些科技公司，它們開始掀起熱烈討論，變成某種群聚的地方。二○○九年，一群熱心公益的創業者，連同吉姆及其子邁克，一起制定了一項計劃，把那個平價空間開發成容納創業支持專案的地方。ATC 和德拉謨市都有一股吸引創意階層自然匯集的風潮。他們的討論衍生出一個簡單的願景：打造一個新創空間，亦即如今的「美國地下城」（American Underground）。那個願景在成功企業家的幫助下，變成「研究三角區」（注：Research Triangle，由三所主要的研究型大學組成：北卡羅來納州立大學、杜克大學、北卡羅來納大學教堂山分校，毗鄰北卡羅萊納州的羅里市、德拉謨、教堂山，處在三座城市夾成的三角研究區域中）的創意中心。他們優先考慮那些可為當地獨特的租戶組合增添特色的創業者，而不是有能力支付最高租金的創業者。

那年，美國地下城在 ATC 的地下室成立，占地三萬平方英尺（約 843 坪）。古德蒙父子發現，關鍵要素是為當地創業者創造一個放心的空間。那個創業空間安排了幾位資深創業者，為

進駐當地的創業者提供創業諮詢。此外,那裡只租給創業者、他們創立的公司,以及專門支持創業者的組織。第一年,他們回絕了七十二家來尋租的老字號企業。趁早對新創社群投入長期承諾非常重要。

此外,他們也策略性地引入四家公司作為主要租戶,其中兩家是創業加速器(Joystick Labs 與 Triangle Startup Factory),另外兩家是 CED(輔導組織)、NC IDEA(全州創業基金會)。接著,他們引入一些成功的創業者,他們正在創立下一家公司。總計,美國地下城一開始約有三十五家公司,包括那些參與加速器專案的公司。再加上免費網路、免費的共同工作桌、香醇的咖啡,美國地下城迅速成為創業者最愛聚集的地方。

二〇一二年,CBC ╱美國地下城聘請了關鍵人物亞當・克萊因(Adam Klein)。他們請克萊因把之前的動態進一步發揚光大,並代表古德蒙父子的願景,打造一個世界級的創業空間,來服務多元的在地創業者。約莫那個時候,一小群致力投入的創業者和新創社群的領袖每月聚會一次,一邊喝啤酒,一邊交流。那不是正式的團體,沒有名稱,沒有議程,交流的形式很自由,但主題總是和如何發展新創社群有關。我、Startup Factory 的大衛・尼爾(Dave Neal)、Joystick Labs 的約翰・奧斯丁(John Austin)、CED 的瓊恩・西佛特・羅斯(Joan Siefert Rose)、Durham Chamber 的凱西・史代貝

卻（Casey Steinbacher）等領導者是這個聚會的常客。這些交流為德拉謨市新創社群的成長塑造了共同的願景，而且是由擁有資源與熱情促成這項目標的人所組成的。

二〇一三年，美國地下城從 ATC 北方兩個街區擴展到德拉謨的市中心，支持的新創企業數目幾乎是原來的三倍，達到一百家。我與克萊因某次的非正式交流，強化了費爾德主張的「創業密度」概念。

古德蒙家族為新創社群所做的投資不只限於實體空間。隨著需求的確定，新活動與新商機也出現了。有些領導人可能會想要掌控或主導一切，但古德蒙家族則是冒險投資創業領袖熱情投入的專案。古德蒙家族為顯赫家族如何刺激由下而上的變革，而不是由上而下主導活動，提供了一個典範。

後來，美國地下城在德拉謨市中心與羅利市中心又擴建了三次，如今占地十三萬五千平方英尺（約 3800 坪），裡面共有兩百七十五家新創企業。隨著這些新創企業的擴張，往外尋找自己的空間，德拉謨也在美國地下城的周圍成長起來。

在德拉謨的新創社群中，領導者採取一種由下而上的協作方法。我們有一群思想縝密、心胸開闊的社群領袖，有來自一些商業大老的資金支持，那些大老密切關注這個社群的新創企業最需要什麼。藉由關注協作領導力及真誠地支持彼此，這個新創社群變得比創業者各自獨力運作時更蓬勃。領導者展現的態

度及社群的創業密度，使我們的人脈圈變得更緊密強大。最終我們發展出一個真正的新創社群，大家都願意運用自己的人脈來為他人謀福利。古德蒙家族帶給我們的啟示是，卓越的社群是由一群多元又熱情的領導人打造出來的，他們來自各行各業的不同角色，有不同的個性。古德蒙家族避免掌控一切，採取跨世代的長遠觀點，他們證明了合作與他人的支持是新創社群加速成長所需的神奇力量。

第十五章

多元性是特色，不是缺陷

新創社群必須接納任何想要參與的人。複雜的問題需要
多元的觀點。廣納多元的想法、身分、經驗可以培養信
任，那是讓整個社群充分發揮創意潛力的必要之道。

　　博德論點的第三原則是，新創社群必須接納每位想要參與的
人。如今，多元性與包容性在許多有關創業與社會的討論中都是
核心議題，也是一個早該落實的發展。性別與種族多元性是主要
議題，「思想多元性」這個詞往往被拿來當政治隱語以吸引特定
選民，或破壞性別與種族多元性。不過，我撰寫《新創社群》
時，我是同時考慮狹義的多元性（如性別、種族、民族、年齡）
和廣義的多元性（如經驗、教育、社會經濟、視角）。某種程度
上，兩者之間有些重疊。我們對兩者都應該關注，它們對新創社

群的表現都很重要。

培養多元性

複雜系統（例如打造及擴展一個創新的新創企業）最好是以團隊合作的方式來處理。多元化的團隊比較創新，更能適應無可避免的持續變化。強烈的互補性與新奇的組合可促進創新，強大的適應力可培養更大的韌性[1]。

在複雜系統中，多元性不是可有可無的東西，而是必備要件。回想一下，前面提過，綜效（亦即組成分子的互動所產生的非線性行為）是複雜系統中的價值主要來源。如果系統的所有組成分子都一樣，那會減少或抵銷寶貴的非線性行為，導致系統的結果等於、而不是大於組成分子的總和。

雖然我們對多元性的看法超越了「身分多元性」（亦即性別、種族、族裔、宗教、性取向、年齡、社經背景、地理來源等方面的差異），但基於道德與公平的理由，我們非常關注身分多元性。美國基於上述因素，對個人有悠久的歧視歷史，遺憾的是，這些因素至今依然存在。筆者身為受過良好教育的美國異性戀白人男性，我們知道我們享有特權地位。但我們也堅定地推廣

多元性與包容性，因為我們都知道，我們的特權地位為我們帶來的資源與權力。我們也很清楚，我們永遠無法充分了解，少了那些特權，在這個社會上運作是什麼感受。所以，我們向其他人學習，仔細傾聽那些沒有特權的人，盡量避免讓我們的特權限制了我們在創業議題上的思考，並抱著極度的謙卑與同理心來參與這個領域。我們鼓勵其他人也這樣做。

我們不想純粹基於道德與正義來主張身分平等，因為很遺憾，這種說法可能無法說服每個人。在許多國家，身分平等的問題甚至比美國還要嚴重。性別角色並未現代化；種族、宗教、階級之間的鴻溝似乎無法跨越；部落或家族的分裂可以追溯到幾個世紀以前。我們強烈支持身分方面的平等與多元性，但我們也希望在新創社群中提倡更廣泛的多元性。

當我們說多元性對新創社群與創業圈等系統的表現有重要的影響時，我們是從「認知多元性」這個廣義的觀點出發，它的定義是觀點、想法、經驗、專業知識、教育、技能的多元化[2]。新創社群需要想法不同、有互補技能、從個人的獨特視角去看待世界的人，那些獨特的視角是由個體的人生經驗塑造出來的。團體迷思（groupthink）和單一文化對新創企業與新創社群都是致命的。我們的個別身分塑造了環境、機會、經驗，而環境、機會、

經驗也塑造了我們，最終這一切決定我們變成什麼樣的人。透過這種方式，身分多元性在一定程度上也影響了認知多元性。

多元性對一個高效運作的環境來說是必要的。在高效運作的環境中，新創企業更容易成長茁壯。密西根大學史考特・裴吉（Scott Page）的研究進一步證實了這點。他的研究顯示，多元性優於原始能力[3]。換句話說，多元團隊勝過由「最優秀」的個體所組成的團隊[4]。簡言之，多元性可產生較好的結果。

多元性計劃只關注身分多元性，卻忽視認知多元性的重要，那是劃地自限。許多新創社群在這方面還有很大的進步空間。他們開口閉口談「文化契合」，誤以為這個詞是指「跟我們很像」，那種思維是錯的，也錯失了良機。「跟我們不一樣」可能正是你應該讓某人加入的原因。與其尋找「文化契合」，不如尋找「文化加乘」[5]，這樣做可以如我們所料以新穎的方式創造價值。

価値觀 & 美德

可滲透的界限

最佳新創社群的參與者都知道，接納每個想參與的人是有益的。新創社群的所有成員都應該努力與彼此溝通。尤其領導

者更應該交談，分享策略、關係、想法與資源。那些因為優先要務、承諾或遷居來去的參與者，當他們回來時，大家也應該接納及歡迎他們。

新創社群面臨的一大挑戰是信任。在許多情況下，參與者對彼此還沒有建立信心，創業者往往覺得有必要保護自己的創意，牢牢地握緊。在創業中，雖然創新往往與智慧財產權有關，但一家新創企業的基本概念很少是原創的。相反的，它創造的價值由執行力而來，而不是最初的創意。而且，協作與不同的觀點通常可以激發更好的創意。

網飛獎（Netflix Prize）就是一個很好的例子，它是一個為團隊舉辦的公開競賽，目的是改進公司的用戶評分預測演算法。經過多次努力後，沒有一個團隊能夠獨自達到改進的標準。後來幾個團隊合作，才終於選出冠軍。

獲勝的團隊（更確切地說，是獲勝的團隊組合）是來自不同的背景，各有不同的獨特視角。密西根大學的裴吉指出，這種「多元紅利」（diversity bonus）讓他們為 Netflix 開發出更好的評分演算法[6]。

擁抱多元性

包容性是一種心態或作法，它是為了推動一種讓多元群體都感受到歡迎、尊重、能夠充分參與的環境。如果多元性是必要條件——無論是為了績效，還是基於道德因素——那麼徹底包容的方法就是促使多元性蓬勃發展的行動。

新創社群應該接納任何想要參與的人，無論他們的經驗、背景、教育、性別、種族、性取向、公民身分、年齡、觀點等等。新創社群中應該要有強烈的信念，覺得接納更多不同的人進來是好事。新創社群不是只分輸贏的零和賽局。一個社群成員的成功，很可能對整個社群都有正面的影響。

新創社群的領導者需要為社群定調，他有責任確保社群敞開大門歡迎任何人。領導者與鼓動者是新來者第一次接觸社群的共同點，他們應該向新人介紹影響力大又容易參與的活動，以及幾位關鍵人物。領導者與鼓動者應該為下一代的領導者騰出空間並好好培育後輩，把現有的活動交給後輩去磨練，自己承擔新的責任。

不歡迎所有人參與的新創社群是不健全的。複雜系統需要開放，不該掌控。複雜系統接觸到多元人才時，發展得最好。迴避

外來者或要求新人自己憑實力加入是毫無助益的，也會阻礙新創社群的發展。這類行為的影響在今天更加明顯，而許多文化正開始在社會的許多領域處理因此而來根深柢固的歧視。

參與健全新創社群的人應該盡量思考如何做到包容，那遠遠超出了前面定義的特質。例如，活動的舉辦時間應該選在幾點或星期幾。如果活動只在晚上舉行，會不會導致有些人無法參加？一些有志創業的人可能是單親家長或晚上兼差，因此無法參加晚上舉行的活動。如果換成白天上班時間舉行呢？也許有些正在尋找創業捷徑的人仍有正職，無法請假去參加白天舉行的活動。週末舉行或其他時間舉行的活動也需要做同樣的考量。許多情況下，可能不只要考慮舉行活動的時間，例如有些活動還要求參與者事先投入不少金錢。新創社群應該盡量想辦法讓大家更容易參與。接著，把這個概念套用到那些不利某些個體或群體的新創社群決策，想辦法移除那些障礙。

廣義地思考創業

創新與創業是不同的活動。創業往往是把創新加以商業化，但創業過程整體上又與創新不同。因此，新創社群比一個行業或

技術更廣泛，適用於任何想把一個新奇點子發展成一個事業的任何公司。

海瑟威和其他人一起做的研究顯示，儘管高科技公司發展成高成長公司的機率比較大，但是多數高成長公司仍是屬於高科技以外的產業[7]。在兩年前做的一項研究中，海瑟威發現三〇％的高成長公司是高科技公司，這比例雖大（畢竟高科技公司只占全部公司的五％），但仍有七〇％的高成長公司不在高科技領域。

軟體與電腦運算的普及，正在模糊技術與非技術產業之間的界限。因此，不在傳統認知中的高科技領域創業者可以向身處高科技產業的創業者學習，高科技的創業者也可以向其他行業的成功創業者學習。還記得前面提過我們應該廣泛思考多元性嗎？這是絕佳的例子。

接觸相鄰或不相關產業的新創企業，可帶來新鮮的觀點與獨特的見解，那是在你所屬的產業中不會自然出現的。雖然分享特定產業的知識有很多好處，但是在地方的創業者、顧問、導師、投資者所組成的網絡中，管理高成長新企業所面臨的許多挑戰，對每個創業者來說都是一樣的。

在《新創社群》中，我描述當時博德市的不同產業各有幾個新創社群。科技業有一個新創社群，天然食品、生物技術、清潔

技術、樂活（LOHAS，亦即健康永續生活方式）等產業也有新創社群。儘管活躍程度不同，過去六年間，科羅拉多黑石創業網絡（Blackstone Entrepreneurs Network Colorado）等機構一直努力在單一新創社群內加強不同產業之間的凝聚力[8]。

案例分享

多元性有利可圖

米瑞安・里維拉（Miriam Rivera）

加州的帕羅奧多

烏魯創投基金（Ulu Ventures）的執行董事

人才在不同的性別、不同的種族之間分布很平均，但機會並非如此。塑造一個涵蓋所有種族、背景、性別的健全生態系統，對於打造強大的創業與投資社群非常重要。雖然投資者是支持及培育這些社群的關鍵，但創投業系統性地忽視了某些類別的人。這不僅對創業者與社會來說是一個糟糕的結果，對投資者來說也很糟糕。

在烏魯創投，多元化是我們的投資主題。我們認為，不忽略那些類別可以締造更好的財務績效。烏魯對每項投資都是採用客觀的標準，每個人的評估標準都一樣。以下是一些指引我們公

司的實務作法與原則，我們認為其他地方也可以複製這些作法。

導師

從語言與細節來看，創投仍是白人男性主導的文化。對於許多創業者，尤其是女性、移民、有色人種來說，那種投資語言很陌生。在烏魯，我們做了很多導師工作，幫助創業者自在地闖蕩新創世界，並把他們的故事轉譯成創投業者理解的語言，以提高他們成功的機會。我們也試圖幫創投了解，無意識的偏見與不一致的標準如何導致創投對某些群體的投資不足。

說故事

烏魯的決策分析與市場測繪（market-mapping）指引各種背景的創業者培養向投資者宣傳的技巧，讓他們以引人注目的量化數據來說故事。那些故事幫他們從創業者及投資者的角度更了解自己的事業。市場測繪是以視覺圖像來呈現創業者如何追求市場，同時也為那個事業的商機提供一個量化模型。這可以讓他們窺見，在一個市場上取得主導地位後可能出現的各種問題，以及他們在公司的生命週期中可能遇到哪些類型的風險。這可以幫創業者以更有效的方式闡述其創業歷程。

協作

有一種設計思維原則主張，與其批評他人的概念，不如努力改

進他人的概念。在我們的指導過程中，我們主要是以協作的方式，幫創業者找到更好的方法來構思或描述他們的商機或商業模式。或者，我們可以幫他們找到更好的市場切入點，把他們從創業經驗中獲得的不同知識與直覺，輸入敏感性分析的商業模型中。

▌增添價值

身為一個團隊，烏魯可以做出這些貢獻，因為我們希望對創業者開誠布公，讓他們知道什麼是好的投資標的。在投資標的很豐富的環境中，我們只能投資我們看過約一％的機會，我們希望為我們沒看過或沒投的創業者增添價值。為什麼？創業者是我們最好的引薦來源之一，我們想藉由分享知識與經驗，以一種更容易擴展的方式，為創業生態系統做出真正的貢獻，不受限於我們每年參加的會議數量或提供的演講數量。我們也曾是創業者，知道創業者的時間很寶貴，我們想減少大家浪費時間在無成效、無益、甚至令人失望的募款會議上。

▌資料減少偏見

決策分析流程有助於減少偏見，所以按產業標準來看，我們的創業者非常多元。截至二〇一九年十月三十一日，烏魯的投資組合包括約三九％的女性共同創辦人、三七％的少數族裔共同創辦人、三七％的移民共同創辦人、一三％的極少數族裔（underrepresented minority，URM）共同創辦人（注意，有

些創辦人既是女性又是少數族裔,或者是移民或極少數族裔,所以這些比例加總起來不是一〇〇%)。這種多元化的程度明顯高於產業平均水準,比較接近這些人在科技領域中的比例。

▌鎖定看不見的市場

我們也提倡讓大家聽見多元族群的心聲。創投需要增加他們了解、聆聽、看見多元性的能力。一個人的人生經驗往往不足以因應那些鎖定多元市場或不同生活經驗的市場。我們投資的一些公司是專注於金融普惠性(financial inclusion),他們鎖定的市場往往在金融上剝削特定的消費者。例如,美國有一個價值七百億美元的產業,專門做發薪日貸款(payday lending)、先租後買(rent to own)、產權貸款、其他高利貸業務。這些業務對收入較低或不穩的人特別不利。遺憾的是,種族與收入之間往往有交集。創投屬於收入最高的一%人群,約半數的美國人面臨截然不同的經濟現實,他們沒有信用卡,無法上網購物。許多創投公司不願投資那些在金融普惠領域打造正直品牌的公司,因為他們無法同理那些市場,對那些商機也沒有直覺反應。

量化可能有幫助,也有助於以正面的方式來詮釋,為什麼創業者對這類市場的認知或在這類市場上的生活經驗,讓他們在開發這些商機時,擁有所有創投業者都想找的比較優勢。我們想讓創投業者看到他們錯過了什麼。我們的量化市場地圖、提供較高的最低資本回報率、根據風險量化所建構的投資組合,以

及過往的投資記錄，幫助我們用創投及有限合夥人的語言與市場溝通，同時有能為更多多元化的創業者提供融資管道。我們預期這些策略將帶來出奇的成功。多元化與我們為有限合夥人帶來卓越經濟回報的使命是一致的。

▌開誠布公的透明化有助於培養信任

我們向創業者承諾，無論烏魯是否決定投資，我們都會透過一個流程，分享協作市場測繪所產生的盡職調查（due diligence）資訊。我們分享我們收集的所有資料以及模型中的假設，不管資料是來自創業者、還是我們。我們做財務模型的方式是，創業者也可以用他們的數字或假設來重做所有的分析。我們提供一份量身打造的書面報告，讓創業者知道如何使用這個工具，而不是只做一次對話。我們讓他們私下消化那些資訊，而不是在急於募資的情緒飽和下吸收。這是我們身為投資者接觸創業者的一些方法，我們希望這樣做可以幫他們創業成功。由於我們很重視事業上的關係及一般的人際關係，我們相信，只要我們對別人有幫助，無論是透過指導、還是透過決策分析流程，我們都能培養善意，那可能直接或間接幫助我們以及我們想要幫助的人。

某種程度上，從我們沒有投資的對象為我們引薦的投資標的，可以看到這些善意的展現。面對需要搶著投資的標的時，我們幾乎都能獲得投資配額。創業者與投資者在盡職調查的過程中所培養的關係，也是他們挑選投資者的一種方式。對

烏魯來説，我們付出的回報，是與價值觀相似或尊重我們這種方法的創業者建立長期關係。這為我們帶來了許多機會，那些機會可能與最初的投資對話毫無關係。

第十六章

積極主動，不要被動

新創社群必須持續舉辦有意義的活動，讓整個創業圈參與。持續的參與可以培養關係，建立跨越邊界的信任，為實驗與學習創造機會。把整個社群納入創業活動中，也為包容多元性奠定了基礎。

博德論點的第四原則是，新創社群必須持續舉辦讓整個創業圈參與的活動。這表示，新創社群的參與者之間不頻繁或不定期的接觸，無法建立有足夠意義的連結以推動真正的變革，那些活動的性質必須是主動積極的（例如黑客松、比賽），而不是被動的（例如雞尾酒會、頒獎典禮）。這也表示，活動必須提供機會，以便與新創社群中的廣泛參與者交流互動。

自相似性與複製

複雜系統會把規模較小的型態複製到更高階的型態中，以展現自相似性（self-similarity）。當子系統展現出與大系統中類似的行為模式時，就會出現這種情況。因此，較大的系統是無數較小互動的產物。只要檢視與改變小規模的型態，就可以理解及影響較大的系統[1]。

努力改善行為與心態，即使是在新創社群的小群體中，只要持續下去，久而久之，也會對整個系統產生深遠的影響。你不需要設計一個由上而下的計劃並徵求每個人的同意。相反的，你只要開始做就行了。經濟學家科蘭德與物理學家庫珀斯在他們談複雜性與公共政策的著作中寫道：

所以，那些看似複雜的東西，整體上看來複雜到不可思議，其實可以把它們簡單地理解成近乎無限組的小變化所衍生的結果。那些小變化都是依循比較簡單的規則。簡單的規則不斷地複製後，久而久之，就形成了複雜的型態。尋找支配系統演化的簡單規則，是複雜社會科學有別於標準社會科學的主要方式[2]。

這不是傳統意義的規則，而是非正式的規範與活動，強調有

益的行為、協作的心態、積極的領導。小規模的干預可以激發有意義的變化，進而影響整個系統。

我在博德市的經歷就是一例。一九九五年，我與妻子艾米・巴切勒（Amy Batchelor）隨性地搬到博德市[3]。當時我們在博德市只認識一個人，他在一年內就搬走了。我沒有想過在博德市做生意，因為我一直出差，不斷在我有投資事業的美國東西岸之間往返。但是，搬到博德市幾個月後，我決定在城裡找一些創業者。一位曾經住在博德市的朋友把我介紹給一個律師和一個銀行家，我請他們把我介紹給他們認識的所有創業者。一九九六年的秋天，我邀請這群人共進晚餐，於是青年創業組織（Young Entrepreneurs Organization）的博德市分會（很快就變成科羅拉多分會）就此成立了[4]。

隨著網路公司開始在博德市與丹佛市湧現，我找了一群創業者在丹佛市共進晚餐，並於一九九七年創立科羅拉多網路經聯會（Colorado Internet Keiretsu）[5]。幾年後，博德市出現一群充滿活力、緊密相連的創業者。參與這些組織的根本理念很簡單，就是「幫彼此成功」。對我來說，這是「同儕指導」（peer-mentorship）的早期重要例子，後來那也變成任何新創社群的基礎部分[6]。

不要等待或徵求許可

在上面的每個例子中，我都沒有等著別人來邀請我去做某事，也沒有去向資歷更深的人徵求許可。我就直接創立了青年創業組織科羅拉多分會和科羅拉多網路經聯會。我沒有去徵求其他利害關係人的認可，但我接納了所有想要參與的創業者。

我只是模仿我在其他的複雜系統中看到的東西，尤其是我在波士頓的經歷，以及在世界各地青年創業組織的經歷。我開始在博德市和一群非常投入的人一起做事情，我們從小規模著手。這些活動吸引了許多人前來，於是新的參與模式就這樣形成了。

近二十五年後，這種由創業者決定創造一種新活動、事件或組織的模式與方法，在博德市已經很常見。

這樣做感覺非常自由。許多新創社群的打造者覺得做起事來綁手綁腳，似乎任憑重要的捐贈者、非營利組織、大學或地方政府擺布。雖然我們也承認新創社群中有財務資源可以支付東西很重要，但你只要敢站出去，催化有意義的連結，就可以立即發揮影響力。你不見得需要新建築、新專案或新組織，方法可以很簡單。只要找個藉口把當地的創業者聚在一個有趣又有吸引力的環境中，與他們培養有意義的關係就行了。

玩正和賽局

許多人把人際關係與商務關係視為零和賽局，覺得這種關係必有輸贏。在某些情況下（例如西洋棋或棒球賽），採用零和思維是最佳策略：因為我想贏，你就得輸。然而，這種想法對新創社群非常有害，因為它侵蝕了信任，使人不敢自由地合作及分享資訊。新創社群的參與者必須摒棄稀缺的心態，抱持富足與成長心態。在資訊豐富的環境中，相信每個人只要對集體積極貢獻，就能獲得更多，因為每個人的貢獻可以促成集體成長。

創業時抱著成長思維很重要，因為創業本質上就是在創造以前不存在的新東西。研究演化生物學與賽局理論的研究人員已經證實了這個概念。個人一再從互動中發現合作有益時，未來更有可能合作。這種合作的行為久而久之會給他們帶來回報[7]。這種合作途徑包括親屬關係（一家人）和間接互惠（回饋他人或從社群中的其他人獲得回報）。

美國政治經濟學家伊莉諾・歐斯壯（Elinor Ostrom）以實證證明了這點，並因此獲得了諾貝爾經濟學獎[8]。她在合作與集體治理方面的研究顯示，標準的經濟理論（人們追求理性的自利而導致共用資源的枯竭）與現實世界的觀察結果並不相符。她發

現，擁有既有關連（例如社會資本與重複參與）又分享共同資源的人很可能合作，以增加系統中每個人可用的資源。

新創社群就是一種共享資源。那些資產不是一個人獨有的，很多人都從中受益。歐斯壯的研究證明了，為什麼與他人以正和賽局的心態面對共享資源時，可確保那個寶貴資源的穩健及源源不絕。因此，海瑟威決定頒新創社群的諾貝爾獎給歐斯壯[9]，他寫道：

美國政治經濟學家歐斯壯以她在合作與集體行動方面的研究，榮獲二〇〇九年的諾貝爾經濟學獎。她質疑「缺乏中央治理當局，共享資源將會開發不足，過度耗用」的概念。當時的傳統思維是，自私的人性導致我們無法合作以確保共享資源的永續性（新創社群的資源也是共享資源）。

但歐斯壯推翻了這種思維。她使用實驗技術，也觀察那些依賴共享（稀缺）自然資源的社會，證明了在適當的條件下，人們願意為了更大的利益而合作，抱著正和賽局的心態參與。

她在諾貝爾獎的得獎感言中如此描述她的研究：

「實驗室裡精心設計的研究，讓我們測試結構變數的精確組合，以找出那些從共用資源池中過度擷取的獨立匿名個體。只要允許交流（或稱「場面話」），就能使參與者減少過度擷取，增加

共同收益，這和賽局理論的預測正好相反。」

換句話說，我們通常會與認識及信任的人合作。相反的，面對我們不認識或不信任的人，我們比較容易反叛或玩零和賽局。

新創社群背後的中心思想是，讓大家把協作、合作、分享創意變成第二天性，進而改善人際關係。有社會凝聚力與信任，合作才會在新創社群中發生。頻繁的接觸有助於那種非正式的規範發展。

在《新創社群》中，我稱之為「玩非零和賽局」[10]。後來我們想到「正面傳染」概念，覺得把它改稱為「玩正和賽局」更貼切，這也呼應了複雜科學中的報酬增加與非線性。在任何發展階段，新創社群都只是其最終樣貌的一小部分。因此，還有大量未開發的機會。

首先，完全接納「報酬增加」的概念。新創社群中每個人的目標都應該是：創造出能夠持續很久的東西。個別公司的起起落落一定會發生，但請把新創社群視為一個整體。新創活動愈多，會讓人更加關注新創社群，那又會促成更多的活動。

接著，把新創社群對當地經濟的貢獻視為市占率。如果總體環境變好，新創社群的整體動態也會變好。這種週期是無法預測的，但這種起伏不定的波動可能只會對全球環境產生影響。在經濟低迷時，新創社群有機會提升它在當地經濟中的市占率。

我們在二〇〇七年開始的金融危機中明顯看到這種現象。雖然經濟低迷長期為全球經濟蒙上陰霾，但這段期間，美國與世界各地的新創社群顯著成長。最後，大家把注意力轉向創業，靠創業來重振全球經濟。

價值觀 & 美德

召集與聯繫

無需許可就能與人聯繫，是蓬勃新創社群的另一個特點。如果你在新創社群中是值得信賴的人，你也覺得人與人之間應該交流，你不需要先徵求他人的同意，直接上前自我介紹就好了。這種直接交流減少了人脈中的摩擦，充分展現了內隱信任，也樹立一個好榜樣：沒有人真的忙到或重要到無法與他人聯繫。

有些忙碌的人在人際交流方面比較喜歡有自主權，那就尊重他的意願。如果有人喜歡那種方式，你在自我介紹之前，先詢問對方有無意願交流。你請他把你介紹給別人時，通常他會接受。如果他不願意，你也因為尊重他的方式而提高了你在他心目中的形象。

如果你信任幫你牽線的人，那表示你覺得建立那個人際關係是值得的。如果你負責介紹兩個人認識，那表示你覺得他們會自

己看著辦，不管他們該不該往來。有時兩人可能一拍即合，甚至促成未來的合作，有時可能不了了之。根據我們的經驗，一些最有意義的對話往往來自我們最意想不到的地方。

Techstars 的創立就是一個例子。科恩第一次見到我，是在我的「隨機日」[11]。以前有段期間，約莫十年之久，我每個月都會騰出一天，花十五分鐘與任何想見我的人會面。這些會議一天排下來大概有六個多小時，所以一天大概可以隨機會見二十個人。我就是在這種會議上認識科恩，他把他正在思考的新案子簡介拿給我看，那個案子叫 Techstars。他說他正在募集二十萬美元，他自己會投入八萬美元。我們談了約十分鐘後，我說：「只要你不是個怪人或騙子，我願意投資五萬美元。」科恩接著告訴我，大衛‧布朗（David Brown，現為 Techstars 的執行長）是他第一家公司 Pinpoint 科技公司的合夥人，他可能也會投資五萬美元。大衛離開後，我打電話給好友傑瑞德‧波利斯（Jared Polis）。十年前，科恩在我的第一個商業合夥人的介紹下認識了波利斯。我告訴波利斯，我要投資五萬美元在一家叫 Techstars 的新公司，問他要不要深入了解這家公司的資訊。波利斯回答：「好啊，我也要投資五萬美元，那是什麼？」就這樣，Techstars 的第一輪募資就達成了。

最終，召集創業者和新創社群的其他參與者，並創造空間來提高他們建立連結的機率，非常重要。科羅拉多大學法學院的「矽熨斗山（Silicon Flatirons）專案」就是一個很好的例子。它

是真的向博德市的新創社群敞開大門，讓創業者把那裡當成會議場所。該校的教授本薩爾是我們的朋友，他在《新創社群》中寫道：

> 大學是很自然的號召者，它們通常擁有絕佳的設施，但有時沒有充分利用。我們善用這點，發起一系列的公共活動來連結與推動新創社群的發展，以期把科羅拉多大學的校園與創業生態系統的軟體／電信／技客族群連結起來。

持續積極地參與

創業不是觀賞性的運動賽事，打造新創社群也不是。雞尾酒會或頒獎典禮等突顯出成功創業者與企業的被動式活動雖然有趣，但還不夠。黑客松、主題聚會、開放式咖啡俱樂部、創業週末、導師帶領的加速器等有催化效果的持續活動是必要的。那些都是讓新創社群的成員專注投入具體創業活動的場合。

你的新創社群每天都有一個以上的創業活動時，那表示那個社群已經達到臨界規模及另一個引爆點。當你不得不在兩個活動之間抉擇時，你已經達到一個飽和點，那表示新創社群非常蓬

勃。你想要達到的境界是「超飽和」：活動數量更多、範圍更廣，多到不是任何人都能參與的境界。身為新創社群的成員，與其走馬看花參與許多你不交流的活動，不如長久深入參與某些活動。

案例分享

新創社群專案：
為少數族群的創業者建立管道

賈姬・羅斯（Jackie Ros）

紐約州的紐約市

Techstars 的美洲區域總監；

Revolar 的執行長兼共同創辦人

我接任 Techstars 社群專案的美洲區域總監時，感覺像一種「果報」，因為 Techstars 幫我這個毫無科技或商業經驗的拉美裔創辦了一家穿戴式安全裝置公司。

我與人合創 Revolar 公司，是受到妹妹與家人的啟發，因為很長一段時間，我們一直沒有安全感，我想要保護家人的安全。我和共同創辦人創辦 Revolar 這六年來，過程很不可思議。多虧了出色的團隊，我們推出多項產品，遇到難能可貴的貴人與朋友，登上《財星》，也記取了一些非常痛苦的教訓。

很多時候，我不禁自問，我們是如何成為第一批從創投基金募資數百萬美元的拉美裔創業者。

雖然這段創業歷程有高峰，也有低谷，但新創社群讓我們維持理智，也是我們最初存在的唯一原因。許多社群領袖在幕後默默地幫我們安排改變人生的機會，我從來不知道他們是誰，無法向他們親口道謝。還有一些導師指導我們如何組建團隊及發展公司。我在博德市與丹佛市的社群獲得了非常多的支持，那時我甚至還不知道身處在一個強大的新創社群中意味著什麼。我決定搬到科羅拉多時，只知道父親曾對我說，科羅拉多是他一生中住過最快樂的地方，可以隨心所欲去攀岩。我就是博德論點的例證，但我想知道它是否適用在其他地區的新創社群上。

在美國各地參與新創社群專案兩年後（這些專案的焦點是多元化），我對許多地方的創新與創業生態系統有了深入的了解。在我看來，支持基層的新創社群專案，對於支持多元族群的創業者以及提升整個科技業的多元化很重要。

少數族群或遭到低估的創業者常在 Techstars 的 Startup Weekend 或 Startup Week、Launchpad、Startup Grind、1 Million Cups 等新創社群專案中碰面。這種活動讓創業者透過完善規劃的活動來參與創業生態系統，進而接觸當地的人脈。當他們接觸到關鍵聯繫者時，人脈有了交集，那有助於擴展及整合生態系統中的多元人脈圈。雖然這些專案的參與者可能擴展到不

同的創業領域，但是多虧了新創社群的力量，他們才得以起步，找到自己的利基市場。

真正有包容性的新創社群會主動邀人加入，而不是等某人創業成功時才歡迎他加入。多元的創業者受邀參與活動後，會更願意與他人聯繫，主動參與其他的專案、加速器或人脈圈。他們走的路線會跟我很像：從丹佛創業週（Denver Startup Week），到當地的孵化器 Innosphere，再到 Techstars。有機會參與這些體驗後，他們現在有能力為社群的其他人「# 先付出」。

我發現大家有一個很大的誤解，他們認為活動一定要完美，而且要有很多的參與者，才有影響力。每個社群都處於不同的階段，並在不同的時間記取不同的啟示。只要領導人能帶來活力與真正的熱情，生態系統內就可以發展出多元的社群。此外，還有 Google for Startups、Kapor Center、HBCU. vc、Patriot Bootcamp、Deaf Entrepreneurs Network、考夫曼基金會等組織聯合起來，為這些人脈創造空間，讓他們相互重疊。這些活動讓社群的參與者希望他們也能獲得更大的機會，成為創業者。

我在 Techstars 擔任區域總監的經歷，讓我想起以前加入「為美國而教」（Teach for America，TFA）的許多時光。我們在社群中做的小調整，以最巧妙又意想不到的方式累積起來，發揮了驚人的效果。不過，就像我的「為美國而教」經驗一樣，這

些專案都有資金嚴重不足的問題，這些團隊努力想要盡可能地服務更多的社群，但資源捉襟見肘。在許多社群領導人感到不穩定或不安全的國家，你注意看那些社群專案的漣漪效應，會看到他們從透明、社群服務、真誠領導等原則中找到希望與靈感。

我與來自世界各地的社群領袖會面，從他們幫助社群的方式中獲得了希望與指引，這些事情都令我相當感動。在拉美的區域經理伊麗莎白・貝瑟里爾（Elizabeth Becerril）與巴西的區域經理普瑞塔・艾莫林（Preta Emmeline）的幫助下，我能夠迅速了解他們生活的生態系統。我在新的商業環境中穿梭，一開始覺得使用我的母語西班牙語很笨拙。我懂的葡萄牙語很有限，但當地的社群總是很歡迎我。有一次，我在巴西的佛羅安那波里（Florianopolis）看到一件 T 恤，上面印著取自《新創社群》的一句話「以長遠的眼光看待社群」。那句話是以葡萄牙語寫成，直指核心。儘管我們的社群有細微與明顯的差異，但無論你說什麼語言，新創社群的某些信條依然可以產生共鳴。

去年，美國對委內瑞拉實施制裁後，我們無法再像過去那樣支持那裡的新創社群領袖。那件事令我們的團隊相當難過。貝瑟里爾指導他們多年了。我想起我在佛羅里達南部成長時的好友，他們是委內瑞拉人、古巴人，或跟我一樣是哥倫比亞人。當我更了解殘障創業者在取得同樣支持時所面臨的挑戰，退伍軍眷創業時所面臨的挑戰，或因祖國政策而導致創業

難以成功的創業者（例如成立公司或申請破產的高門檻），我的世界觀又變得更開闊了。

我的親身經歷，以及透過全球團隊夥伴的眼睛去體驗世界的經歷，讓我對多元性的理解不斷地成長。看到多元的少數族群創業者在地方社群與世界各地的社群之間搭起橋樑，並在全球發揮影響力，我真的非常感動。

持續往後看二十年，
台灣的新創社群之道

文／傅元亨（Rich）[†]

　　台灣如何打造新創獨角獸公司？自從二〇一三年「新創獨角獸」一詞在矽谷出現後，台灣的媒體便不時會關注，我們何時會出現這樣的公司。特別是類比美、中，乃至於韓國、新加坡、香港等創業生態圈，台灣在二〇〇〇年後的網路產業，乃至於行動網路、軟體即服務、甚至物聯網硬體創業，似乎還無法看到能比擬其他創業生態圈類似題目為主題的高成長動能新創企業。也還看不出來如何有機會取得如聯電、台積電、宏碁、華碩、趨勢科技等一九七〇到一九九〇年代成立的公司在半導體、電子產業、

[†] 亞馬遜 AWS 台灣策略方案部門聯合創新中心與企業 Open Innovation 專案經理。

資安的領導地位。於是開始有些人抱怨法規，有些人抱怨本地市場規模，有些人抱怨創投、乃至台灣的成功大企業不願與新創合作，甚至當國際大廠來台灣大舉招聘人才，都有可能讓新創在招聘時遭遇挑戰。

但無論是否嘴巴上嘟噥，優秀的台灣創業家們擁有與世界各地創業者一樣的特質：不停想著如何用創新的方式來解決所觀察到的問題、甚至用創新的方式來重新解決似乎已經被解決過的問題，而且不做不快。台灣新創圈的熱度與動能，似乎也沒有因為前段問題而完全踩煞車。到了二〇二一年，Appier、91App、Gogoro 等公司的公開發行上市之路，也讓台灣新創圈知道，也許時間比想像中來得更久，也許要花費不少工夫，但是獨角獸等級的公司價值仍會在台灣發生的。

那麼，之後呢？如何在台灣打造下一間新創獨角獸公司？二〇二一年末的 Meet Taipei 新創展會中，新創圈朋友們在久未於實體活動中碰面的興奮感之餘，多少也在觀察、思索這個問題。會場中有多少新的新創公司？已經參展或參加幾次 Pitch 活動的新創公司，到底是有實際發展，或開始變成比賽型的新創？元宇宙、NFT 等新的 buzzword，台灣的新創有機會？而每年不會缺席的政府新創計劃館與活動，二〇二一年還第一次出現了六都以外

的宜蘭，以及文策院在文化科技這種全新的領域出現。幾年後的台灣新創生態，會變成什麼樣貌？而在現在這個時間點，不管現在的身分是創業者、新創公司的員工、創投、想創業的人乃至政府、企業或組織中執行新創相關計劃的人，我們該怎麼做？

可以複製矽谷，
打造合適獨角獸公司誕生的環境嗎？

　　新創的簡報常常開始於問題宣言（problem statement）。問題宣言裡有許多對於市場與客戶需求的假設，在新創發展過程中，需要去驗證這些假設是否正確、並調整發展。也很有可能這樣的問題宣言在切入點上有所誤差、或者是只碰觸到問題的表面，因此在嘗試建構解決方案時，發現需要打通更多的環節，才有可能滿足市場需求。

　　而前面的問題：在台灣（或者，如何在台北以外的台灣城市再打造一間新創獨角獸公司？）其實就是這樣的例子。

　　許多人希望能夠複製、重製某個地方的成功，例如矽谷的創業生態系。然而許多的投入，雖然在規劃初期有著長期投入的打算，但往往因各種因素，特別是期待看到直接的投入產出，因此

流於追求快速短期的亮點成效，反而無法讓新創生態的長期發展走向正向。投注的資源所創造出的新創支援活動和創業家所需的資源開始出現落差、開始讓各方，包含創業者和投注資源方都感到氣餒，而且無力。

　　例如，某個以希望連結台灣新創與國際市場的計劃，開始提供新創出國參展補助、為新創拍攝形象產品影片。參展與影片上架後兩個月，計劃的出資者開始希望調查參展成果。這時接到新創回應說：參展沒有接觸到合適對象、影片觀看數很少、和大公司觀展者洽談後沒有明確結果、無法公開提供等等。因此計劃執行單位從中無法取得量化成果、衍生下年度無法說服出資者持續支持。為避免這樣的情況，執行單位只好和新創公司拜託，設法提供一些短期亮點給出資者。更甚者，為了讓參展攤位數滿足原定計劃，只好讓產品發展尚未可以達到國際銷售的新創公司也加入。

　　這樣的架空情節，正是本書嘗試去解構、並提出建議的。在「打造獨角獸公司」的底層，有支持新創成長的創業生態圈，裡面包含新創公司、投資人、學校、政府、企業等支持計劃。其核心則是由新創為主組成的新創社群。本書的作者反覆論述一個非常重要的觀念，新創社群的運作，是依循著複雜系統理論。新創

社群間有許多小小節點，每個節點的行為與整體系統的投入產出都是非線性的，而整體而言也很難說有單一的領導者，也很難用階層來進行控制；然而一切又似乎有秩序在其中。而那秩序的來源是每個節點之間的互動與連結。

新創社群的建立、以及持續成長，節點與節點間互動與連結品質的重要性，遠較於其他看似有形的指標如募資額等，更為重要。當新創社群的互動與正向發展達到臨界質量（critical mass），成功的新創公司的產生，便會是自然的結果。具體的例子便是作者之一的費爾德在博德市，一個人口僅有十數萬人、位在美國中西部的小城的新創社群，孕育出如 Send Grid 等數家美國上市公司的成功發展案例。

作為社群領袖的本質與責任

在費爾德的前一本書《新創社群》中，提出了一項重要的論點：創業家必須作為社群的領袖引領社群、乃至於生態系中其他的資源提供者，讓社群間的互動正向、積極，並且不是限於少數人身上。領袖們必須透過不間斷與各方的對話、社群活動、互動以及積極促成社群內人與人、組織與組織之的連結，建立社群成

員間彼此互信、互相幫助的文化，並且降低社群內因為聯繫與找尋解答所需的溝通成本，包含時間與金錢。同時，也必須積極主動，讓社群內不良的行為停止。

在《新創社群之道》一書中，作者更進一步界定有效運作的新創社群樣貌：成員間的相互連結是網狀、而非集中在某些特定人身上；因此新創家可以有各種不同人的管道連結到欲連結的對象。成員間彼此有高度的互信基礎；而且有著「＃先付出」的共同認知，亦即協助彼此，不預設立場祈求回報。

在這樣的社群裡，對各種事物和組織、政府的抱怨當然還是會存在，但創業家之所以必須引領新創社群，正是因為其特性：積極、主動地採取行動對現狀提出創新改進方案；並且知道如果無可救藥地愛上自己的方案、不聆聽市場反饋，會讓新創走向失敗；這樣的特質會可以將這些抱怨轉換成正向的行動，而非負向言論與情緒的堆疊。

在公司內部導入新流程、新作法如是、在一個城市、國家開始建立新創社群如是、推動生態系支持新創亦如是。創業家是孤獨的、推動創新支持政策的政府承辦與官員在面對民代與其他採購稽核單位也通常是孤獨的、支持新創的民代可能在議會或立法院的同事間、在選民間也通常是孤獨的。

傳統歷史課本往往把治世的出現，簡化歸功於明君與明相，速食化的思維會把成功的公司或新創歸功於領袖。但在本書的論點延伸，領袖之所以重要，絕大多數時候不是因為他／她構思出的好的想法，而是透過影響，建構出高效互信、互動的社群與生態系夥伴，不管是在公司、在政府、在產業。有這樣的社群存在、便有更多機會有更多領袖接替出現，新創社群的突破性發展，往往也是一家家成功的新創出場後，裡面許多獲取財務自由的經營創業團隊的經驗、時間與分享，便能影響社群裡的更多人。

新創社群之道，某種程度上也可以說是政府創新之道、地方創生之道、組織再造之道；也可說是每一輩的人在推動新觀念、新想法時都會遇到的。新創面臨的挑戰不會是獨特的、台灣產業與新創面臨的挑戰更不是單一。這本書不是可以讓自己單獨一步一步遵循照做的手冊，而是給社群與生態圈裡的不同角色一項指南，讓彼此有機會凝聚對於「結果」達成共識，以終為始的一起發展生態系。

在二〇一八年，因為工作的關係，我曾本書的兩位作者介紹台灣的創業生態圈與各種支持新創的努力。當時他們還在準備本書的最後階段，也對於台灣新創的發展充滿好奇與期待。問到是

否有任何建議時，他們用書中的這個觀念延伸回答了我：社群的領導者應該對社群有長期承諾與觀點，至少是二十年、而且必須持續往後看二十年（每年都要更新）。這是在台灣的社群領導者才能夠有的承諾，也是台灣新創社群必須主動承擔的（take ownership）。希望這本書能為新創、創新社群的領袖提供更多新的觀點與幫助，一起為持續發展中的台灣新創社群發展做出貢獻。

PART 4

幫助創業者成功

第十七章

回到起點

反思

　　《新創社群之道》是一套可以為新創社群與創業生態系統改善績效的原則與實務作法。我們強調原則，因為每個城市根本上並不相同。雖然許多地方有共同的問題，這些原則也適用於廣泛的領域，但最終奏效的具體細節只能透過實地探索的流程來發掘，那流程在每個地方、每個時間點都是獨特的。

　　我們想傳達的核心訊息是，任何新創社群只要加強協作、支持、知識分享，採取「＃先付出」的方式，以創業者為重，都可以發展得更好。由於新創社群是人類組成的社會系統，當人際關係以信任、互惠、熱愛本土為基礎時，社群就會演變與改善。在

許多城市裡，這需要轉變大家的思維和行為方式。這不容易做到，尤其當許多組織內部的獎勵結構與此背道而馳時，更是困難。這需要時間，而且沒有捷徑，需要一個世代或數個世代的投入。一旦致力投入的個體達到某個臨界規模，就會變得比較容易，因為有更多人學習接受社群的既定規範與行為。你的任務是確保那些規範與行為是正確的。

新創社群的存在意義，在於幫助創業者成功。這個想法很簡單，但是當我們的分析大腦，以及我們對結構和確定性的需求指引我們的行動時，問題就出現了。新創社群和創業生態系統是複雜適應系統，我們永遠無法完全了解它們，也無法預測或從歷史推斷在特定的地點與時間點該做什麼（大家仍在爭論矽谷如此卓越的原因是什麼！）。大家可能會有一股衝動，想把事情搞得很繁複，但你要克制那種衝動，想辦法提高創業者成功的機會，以有意義的方式（不分大小）持續幫助他們。不同社群對成功的定義各不相同，但是在我們看來，成功主要是持續地改進，充分利用**你**所在城市的現有資源，而不是人為地增加某種類型的產出，或達到其他城市為成功設下的所謂「客觀」定義。

這不是一本教你如何打造新創社群的手冊或循序漸進的指南。雖然我們知道這個領域還有一些方面可以加強，但重要的

是，切記，實務指南還是有局限性，因為每個地點與時間點都不同。一概而論的好處有限。因為在一個城市裡行得通的事情，總是可以在許多城市裡找到行不通的例子。同樣的，過去有效的事情，可能現在已經無效了，因為根本條件已經改變。你應該透過試誤的流程，進行實證測試。想把這項任務變成模版或公式，以便套用在許多地方，是徒勞的。但有一個清晰的理念與流程還是有很大的價值，我們已經試著解釋過這點了。如果解方那麼顯而易見，蓬勃的新創社群早就到處都是了。

重點總結

我們覺得為這本書做最後的總結，應該對讀者有一些幫助。

▌行為者、資本，與「#先付出」

我們一開始先概述了新創社群的各個組成部分。首先，我們說明那些讓新創社群存在的力量，包括創業者的角色與基本功能；外部環境對創業的重要性；新創社群是以信任網絡組成的，不是採用階層架構；創業密度產生的價值；為什麼地點的素質在現代經濟中很重要。根據最後一點，維納說明，耶路撒冷的新創

社群在經歷十年的衰落後，如何靠創意階級的崛起與反叛精神復興。

接著，我們詳細說明新創社群與創業生態系統中的各個組成部分。我們說明個體與組織的角色，我們稱之為行為者。新創社群的領導者必須是創業者；鼓動者不是創業者，但他們仍扮演關鍵的領導角色；其他的人都是參與者。創業蓬勃發展所需的資源與條件稱為因素。我們把因素分成七資本：智力資本、人力資本、財務資本、網絡資本、文化資本、實體資本、制度資本。這個架構有雙重目的：承認因素是創造價值的資產，需要投入時間或資源；鼓勵行為者不要只把「資本」想成資金（財務資源）。在這一節中，漢密爾頓提到，「＃先付出」及設定正確的意圖如何幫她為遭到低估的創業者打造一個社群。伯奇詳細介紹了《創土新聞》，說明故事的力量如何以意想不到的方式在新創社群中釋放價值。

在 PART1 的最後，我們分析了新創社群與創業生態系統的異同，前者代表一個城市中創業風氣的心臟，後者則是把關鍵行為者與因素網羅起來。新創社群比較小而深，參與者在身分、價值觀、友誼、以及幫創業者成功這個基本承諾上，立場比較緊密一致。創業成功對新創社群來說是一個吸引力。它可以吸引及啟動

更多的人、組織、資源，以及生態系統的支援，我們稱之為「社群／生態系統適配」。雷斯尼克描述這種活動的順序如何推動威斯康辛州麥迪遜市的創業生態系統發展。

▌複雜系統無法掌控，但可引導

PART 2 是說明新創社群與創業生態系統是複雜適應系統。我們一開始先強調，我們有必要認真看待系統的意涵，從整個系統的觀點開始看起。我們定義了三種系統——簡單的、繁複的、複雜的——以及為什麼處理複雜系統的差異、意涵、策略與其他兩個系統截然不同。複雜系統中有許多相互依賴的行為者，他們彼此互動，也相互調適。這會產生許多回饋循環，個體與系統在這些循環中不斷地共同演變。本薩爾說明了科羅拉多大學博德分校的「新創業挑戰」（NVC）採用的全系統視角如何改善該校的創業風氣。

接著，我們介紹「浮現」的概念，那是無法預測的創意流程，它使每個複雜系統都有價值，而且是獨一無二的。浮現（或稱有價值的型態）是因為各部分互動而產生的。這些綜效產生非線性的行為。浮現的整體，遠比組成部分的總和還大，本質上也異於組成部分的總和。複雜系統中的浮現行為是自己形成的，也

就是說，它是自然發生的，沒有計劃，也沒有人掌控。複雜系統就像新創社群，它的價值來自於組成分子的互動，而不是組成分子，而且價值創造過程是在毫無計劃或掌權者下自然發生的。所以建立新創社群不能採用工業時代流傳至今的傳統指揮控制策略。特羅基講述他在俄勒岡州的波特蘭市發展 PIE 的故事，他談到他對失敗的接納以及無法預測的創意。

接著，我們以三章篇幅來探討新創社群是複雜系統的意義。第一章是從數量的迷思談起，我們指出「多多益善」這個方法本身是有瑕疵的。在複雜系統中，重點應該放在異數上，而不是平均值或數量上，因為少數影響力很大的創業成功案例驅動著整個系統的價值。其中一個現象是創業回饋，亦即創業者、投資者、成功新創企業的員工把時間、財富、知識、人脈投入到下一代創業者的身上，或他們創立的下一家公司。在新創社群中，最有影響力的人脈節點是成功的創業者或他們領導的組織時，結果比有影響力的行為者缺乏創業經驗更好。多西在印第安那州的印第安納波利斯領導新創社群的發展，他把 ExactTarget 發展成一個龐大的事業，最終以二十五億美元的價格出售，並繼續領導他的新公司 High Alpha。他說明了這一切是如何辦到的。

新創社群與創業生態系統是無法掌控的，只能加以引導與影

響。有些參與者會出現掌控的錯覺，因為人性先天想要避免不確定性，渴望完全了解周遭的世界，成為個人命運的主人。我們說服自己相信這一切都是真的，但事實並非如此。持續的回饋循環（資訊流與調適行為）使我們不可能完全了解正在發生的事情，因為它們會產生非線性的結果，包括明顯的延遲、相變（發生重大系統轉變，重新定義了系統）、傳染（有益或有害的思想與行為傳播並迅速獲得採納）。人類的大腦無法有效地處理這些動態，所以會想要掌控事物。為了在複雜系統中成功，我們必須放棄自己能夠掌控局勢的錯覺，因為我們無法掌控局勢，而且為了掌控局勢所做的事情往往造成傷害。丹布羅修描述，猶他大學打造創業中心時，做了很少大學做的事情：放棄由上而下的控制，把創業的學生納入流程中，促成一個很好的結果。

許多研究人員、顧問、社群的打造者都在尋找塑造下一個矽谷的藍圖。套公式打造新創社群的吸引力源自於敘事謬誤，亦即大腦會以簡化版的事件來腦補空白。這種想法是有缺陷的，因為每個新創社群都是獨一無二的，而且深受在地歷史與文化的影響。在複雜系統中，過去的微小差異可能導致未來的巨大差異。隨著演變永續進行，新創社群會發展成多種半穩定狀態中的一種。在那種狀態下，健康或不健康的型態會變得根深柢固，難以

消除。在缺乏藍圖下，前進的唯一道路是不斷地試誤，從失敗中記取教訓，並以當地的獨特優勢為基礎持續發展。培養對地方的熱愛（或稱在地偏好）可幫新創社群的參與者安度無可避免的起起落落。洛維爾描述西雅圖市如何以由下而上的方法來因應新創社群的需求，而不是由上而下去主導該做什麼。

當新創社群讓資料及證明事情可行的「證據」來驅動糟糕的策略時，就會出現衡量陷阱。在複雜系統中，最不重要的因素，最容易衡量，那導致大家根據那些因素來規劃策略，而不是根據真正重要的因素。新創社群優先考慮容易衡量的東西是一大問題。當標準化的衡量指標被納入排名機制時，這個問題又進一步放大了，因為這種排名過度簡化了生態系統，使城市相互競爭。我們必須謹記，新創社群最重要的特質不是組成部分，而是互動（這很難看出來、也難以衡量）。此外，最實用的比較，是比較同一城市的不同時點。為了衡量這些，我們必須關注連結性與系統結構（人脈模型），以及相關人物的根本行為與態度（文化—社會模型）。務實的作法是借鑒許多其他的方法，包括分類法、比較法、動態法、邏輯模型、個體為本模型，那為創業生態系統提供比較完整的全貌，並強調沒有唯一的正確答案。莫里斯分享他過去十年衡量生態系統的經驗，並說明清晰與一致的主題、分

享與討論、社群參與、持續的重複過程有多重要。

▊ 槓桿點與博德論點

在 PART 3，我們試圖簡化複雜性，以便採取行動。複雜理論有助於描述系統的特質，系統思維則是有效處理複雜系統的工具與方法。我們說明複雜系統中的「槓桿點」，那是可以產生最大影響力的干預點。最有效的槓桿點是改善人脈連結與結構，以及參與者的基本規範、思維模式、價值觀。影響力第二大的槓桿點是增加資訊流及回饋管道。影響力最小的槓桿點是調整資源投入的數量。遺憾的是，新創社群在最後一點投入大量的精力，因為那是最具體、最容易改變的。目前有兩個架構支持我們把持久變化視為優先要務：《雨林》和《新創社群》的博德論點。博德論點是最可行的，所以我們在後續四章中深入探討它，並以複雜理論的視角來佐證它。那一章是以奧萊特的文章作結，他說明運用創業思維與系統思維如何使麻省理工學院成為全球最適合學生創業的大學之一。

博德論點的第一原則是，新創社群必須由創業者領導。這並不是說其他人（我們稱為鼓動者）不能發揮領導作用，但一個新創社群沒有足夠的創業領袖是無法持久的。成功的連續創業者在

一群創業者中佔有特殊的重要地位。這些領導者經歷過創業流程，可以成為新創社群中最好的榜樣與導師。他們最有能力在社群中挹注良善的思想與行為，同時抑制不當的想法與行為。但鼓舞人心的領導力不是自然而然產生的，我們看到很多新創社群中有經驗豐富的創業者展現出糟糕的行為特徵。如果有一群達到臨界規模的創業者（即使他們的影響較小）合作形成另一個重心，就可以把糟糕的行為者邊緣化。菲爾丁說明，「以創業者為重」的作法如何在紐約市打造出一種社群導向的新投資模式。

博德論點也主張，領導者必須把眼光放遠，永遠放眼二十年後。複雜系統的特質——相變、引爆點、時間延遲、回饋循環、非線性——都支持這個觀點。人需要花很長的時間才能改變行為與思維模式，以利創業風氣的蓬勃發展。即使是矽谷，它的成功也是經歷了上百年的醞釀。赫弗利討論了北卡羅來納州德拉謨市的新創社群所採取的長遠觀點，以及民間領袖與慈善領袖願意採取不控制的原則，放手讓創業者領導，讓解決方案由下而上出現。

博德論點的第三原則是，新創社群必須接納任何想參與的人。複雜系統依賴多元性，也靠多元性蓬勃發展。由上而下的階層模式是尋求嚴格的控管，從而達成一致性（缺乏多元性）。新

創社群因採取相反的方式而受惠。目前有關多元性的討論，通常是集中在身分的多元性（例如性別、種族、性取向）。然而，我們主張採用更廣義的認知多元性，其中也包括身分多元性（這是認知多元性的子集，因為身分會影響思維），但增加了其他類型的多元性，例如經驗、背景、視角。採取包容的作法也意味著廣義地思考「創業」——不單只是高科技、創投基金資助的新創企業，也包括所有創業者以及有成長思維的人。為了讓多元性站穩腳跟，我們必須落實徹底的包容，歡迎所有人加入。里維拉說明，烏魯創投基金如何藉由支持多元性以及打造工具來消除投資決策中的偏見，以提升投資績效。

博德論點的最後一個原則是，唯有持續做有意義的參與，社群才能持續發展下去。關於新創社群的打造，有一個非常有力的建議：你不需要獲得許可或預算就可以開始——你只需要一小群活力充沛的人，致力為創業者創造更好的環境就行了。複雜科學有一個相關的概念也佐證了這個方法：自相似性。在複雜系統中，變化的規模可大可小，那些變化（例如一小群致力改變有害環境的創業者）可以複製或擴展到整個系統中。如果有一件好事發生，即使周遭有很多壞事，最終好事也會傳播開來，變成新規範。抱持正和賽局的心態、積極參與（不是只參加雞尾酒會與頒

獎典禮）、盡量召集與聯繫大家都非常重要。我們以羅斯的故事作結，她之所以有機會創業成功，是因為她在科羅拉多州的社群裡發現了許多重要的創業活動。

結語

你剛剛讀的這本書，與我們開始撰寫之初的構想大不相同。我們是從一個簡單的目標開始：擴展及更新《新創社群》。但隨著最初的想法逐漸成形，再加上與更多人交談過後，我們發現我們的目標變了。我們知道，現在最需要的，是以令人信服的論點主張：為什麼我們應該以不同的方式看待及參與新創社群。關於「做什麼」（what）、「誰來做」（who）、「怎麼做」（how），這些內容大多已在前作說明了。這本書在上述面向進一步去蕪存菁，但我們希望這本書更充分說明「為什麼」（why）。

我們剛開始寫書時，甚至沒想過「複雜性」這個概念，沒想到後來這個概念變成本書的核心內容。這本書的發展過程是一個反覆精進的愉悅過程，正好體現了複雜、浮現流程的本質。我們結合彼此的多元專長，並以耐心、毅力、好奇心、意願來推進這個專案，儘管有時不免感到辛苦，但後來創造出來的結果，比我

們依循最初的目標、大綱、時間表，悶著頭不斷地執行一條可控的線性流程好多了，而且大不相同。

我們之所以強調這點，是因為生活中隨處可見複雜、浮現的流程。我們愈是把「複雜性」加以日常化，在打造對創業者有利的新創社群時，就愈容易接受複雜性。複雜性的日常化與普及化應該變成新創社群的參與者向前邁進的核心理念。隨著世界在數位上及實體上日益整合，複雜性在近年來呈倍數成長。在可預見的未來，這個趨勢將會繼續下去。任何涉及人際互動或協調的情況，當成敗的客觀定義不明確，控制又難以捉摸時，那就是一種複雜系統。

以上是本書涵蓋的內容，我們漏掉了什麼？

首先，相較於最初的規劃，《新創社群之道》比較不是實務導向。注意，我們不是說「實用」，而是「實務導向」。雖然有大量的理論與證據支持，這本書主要是為實務工作者而寫的。我們提供一套架構與一種語言，為參與者說明為什麼由上而下的控制無效，為什麼由下而上的實驗是唯一的有效方法，我們希望這本書對讀者來說有教育意義，也很實用。不過，這本書不是實務導向，因為它的重點不是列出一串關鍵問題並逐一說明具體解方。

我們以這本書，為新創社群與複雜系統建立穩固的關連，並為更多的實務導向研究提供空間。不過，切記，任何實務導向的方法都需要為每個新創社群與創業生態系統量身打造。每一種情況都不一樣，解方只能透過不斷的試誤去發掘。我們幾乎不可能想像及描述可能發生的無數種情境。以 Y 方法解決 X 問題，這種「指導」手冊過於簡化，但我們相信大量的結構化故事可以為大家指明方向，激發想像力。

當我們反覆琢磨、最後決定以複雜性作為本書的基礎時，我們淘汰了原先規劃的後半段內容，那原本是比較實務導向的部分。這也造成了本書的第二個局限性：我們從廣泛的相關人士收集了許多故事，但最後收錄進來的故事卻少了很多。本來我們打算收錄許多客座文章，放在書的後半部，並按幾個關鍵實務領域來分門別類，包括新創支援組織（加速器、孵化器、工作室）、社群打造組織、大學、政府、大公司、服務提供者、農村新創社群、一些艱辛地區的新創社群。但後來隨著複雜理論的相關內容逐漸成形，我們意識到那些故事比較適合收錄在其他的出版品中。我們堅信故事的力量，這也是為什麼我們在每一章中至少都收錄了一個故事。但這本書實在難以在維持核心使命的同時，同時收錄那麼廣泛的內容。硬是把所有的內容都收錄進來，將導致

內容過於雜亂。幸好，還有其他的方式可以分享那些未收錄的故事。

　　此外，我們也清楚知道本書收錄的客座文章並未呈現出我們想要的多元性，尤其是在地理上。部分原因在於運氣不好。我們在本書出版的兩年多前開始徵稿，但本書的主題持續改變。如今收錄的文章最符合最終的定稿架構，碰巧許多來自海外的投稿與本書後來刪除的後半段內容比較相符。這實在很遺憾，我們會想辦法在未來的出版品中（尤其是網路上）突顯出那些故事，也會繼續徵求更多的文章。

　　最後，我們相信本書所推崇的行為、態度、規範、價值觀，在許多領域（包括專業、個人、公民生活上）都可以找到實用的應用之道。任何需要人類合作以解決複雜問題的情況，在缺乏明確的成功定義或藍圖下，都可以採用本書提到的原則。在這方面，我們希望這本書對努力改善企業文化、人際關係或人際互動的人來說，是一個很好的起點。「複雜性」這個視角在我們想要更了解及參與新創社群之際，幫我們指引了迷津。撰寫本書時，那也是讓我們靈光乍現的神奇力量，它將為你帶來什麼呢？

謝辭

多虧許多人的協助，我們才得以完成這本書。

首先，我們要感謝家人。

費爾德感謝艾米支持他寫作。那是我們都熱愛的事，我們這輩子會一起寫下去。

海瑟威感謝蘇西在整個過程中及生活上給予他的關愛與支持。沒有妳，我做不到這一切。感謝泰迪與查理，選我當你們的爸爸，希望你們能為我的作品感到驕傲。謝謝愛犬法蘭基的忠誠，無論我做什麼都依然愛我。感謝爸媽讓我明白努力工作的價值。

感謝費爾德在 Foundry Group 創投基金的合夥人，他們不僅支持這本書，也在世界各地落實打造新創社群的所有活動：Lindel Eakman、Seth Levine、Jason Mendelson、Ryan McIntyre、

Chris Moody。感謝費爾德的助理 Annie Heissenbuttel 幫了大忙，忍受我倆沒完沒了地提出各種要求；也感謝費爾德的前助理 Mary Weingartner 的努力，她在我們開始合作約一年後退休了。

海瑟威感謝無數透過寫作、討論或鼓勵，影響這部作品的人。這些貴人實在太多了，無法在此一一唱名，他想特別感謝幾位關鍵的合作夥伴：謝謝 Chris Heivly，我永遠不會忘記我們每週在荒野間漫步時的交流。感謝 Nicolas Colin、Rhett Morris、Scott Resnick 幫我釐清及拓展想法。感謝 John Dearie 指引我度過寫書過程的起起落落。

感謝威立出版社（Wiley）的團隊（包括 Bill Falloon 與 Purvi Patel）一直是我們的得力夥伴。在出版流程接近尾聲時，Techstars 出版社（Techstars Press）的總監 Rachel Meier 也加入這個專案，幫我們完成一切。感謝 Phanat Nen 協助處理本書的附圖，感謝 Christina Verigan 協助編輯內文。

許多朋友與同事對這本書的初稿提供了不少意見，包括 Brad Bernthal、David Brown、David Cohen、Richard Florida、Chris Heivly、Bob Litan、Jason Mendelson、Rhett Morris、Marc Nager、Zach Nies、Scott Resnick、Phil Weiser。謝謝諸位撥冗幫我們改進這個作品。

感謝 Techstars 的整個團隊，如今全員已逾三百人。Techstars 是這本書中非常重要的一部分，沒有 Techstars，我們所學的許多知識都不太可能存在，或者至少我們接觸那些知識的機會很有限。

為這本書供稿的許多人讓我們受益匪淺。雖然最後我們無法把每一篇都收錄在這本書中，但我們非常感謝每一位的貢獻：Bill Aulet、John Beadle、Brad Bernthal、Bobby Burch、Jennifer Cabala、David Cohen、Kim Coupounas、Troy DAmbrosio、Oko Davaasuren、Scott Dorsey、Jenny Fielding、Cameron Ford、Greg Gottesman、Andrew Greer、Arlan Hamilton、Chris Heivly、Matt Helt、Vikram Jandhyala、Rebecca Lovell、Jason Lynch、Brian McPeek、Monisha Merchant、Ben Milne、Lesa Mitchell、Chris Moody、Marc Nager、Saed Nashef、Tom Nastas、Akintunde Oyebode、Scott Resnick、Miriam Rivera、Greg Rogers、Chris Schroeder、Geoffrey See、Zachary Shulman、Jeremy Shure、Dianna Somerville、Pule Taukobong、Rick Turoczy、Ben Wiener。

Eric Ries 的著作《精實創業》（*The Lean Startup*）和《精實新創之道》（*The Startup Way*）啟發了我們的寫作、思維，甚至這本書的標題。我們問他，能不能以他的書名作為參考藍本時，他不僅大方答應了，也為我們寫了推薦序。

最後，我們要感謝共事過的數千位創業者，以及我們在傳播創業精神與新創社群的過程中有幸認識的更多人。感謝有機會認識你們，與你們共事，向你們學習。

注釋

前言

1. Casnocha (2008), "Start-up Town" *The American*, American Enterprise Institute, October 10, available at: https://www.aei.org/articles/start-up-town/.
2. The Kauffman Foundation (2012), Kauffmann Sketchbook 12, "StartupVille" October 8, available at: https://www.youtube.com/watch?v=zXD5vt0xhyI.
3. 你可以以上 YouTube 觀看訪談：https://www.youtube.com/ watch?v=C7mV_Xk2gw0.
4. Brown and Mason (2017), "Looking inside the spiky bits: A critical review and conceptualization of entrepreneurial ecosystem" *Small Business Economics*, Volume 49, pages 11-30.
5. Allen (2016), "Complicated or complex-knowing the difference is important" *Learning for Sustainability*, February 3, available at: https://learningforsustain- ability.net/post/complicated-complex/.

第一章

1. See Hathaway (2018), "Americans Rising Startup Cities" *Center for American Entrepreneurship; Florida and Hathaway (2018)*, "Rise of the Global Startup City: The New Map of Entrepreneurship and Venture Capital" *Center for American Entrepreneurship.*
2. Gross (1982), *An Elephant Is Soft and Mushy*, Avon Books.
3. 這句話主要是在講海瑟威，雖然我讀了海瑟威寄給我的大部分內容，我也會寄給他我發現與我們的結論互相矛盾的東西。這樣做確保我們克服任何偷偷潛入我們腦中的確認偏誤（confirmation bias）。
4. World Bank (2020), available at: https://data.worldbank.org/indicator/SI.POVDDAY.
5. Freedom House (2019), *Freedom in the World: Democracy in Retreat*, available at: https://freedomhouse.org/report/freedom-world/freedom-world-2019/democracy-in-retreat.

6. International Labour Organization (2019), *Unemployment and Underemployment Statistics; Global Entrepreneurship Monitor* (2020), Global Report 2019/2020.

7. 關於這點的證據，參見 Audretsch, Falck, Feldman, and Heblich (2012), "Local Entrepreneurship in Context" *Regional Studies* 46:3 (2012), 379-389; Figueiredo, Guimaraes, and Woodward (2007), "Home-Field Advantage: Location Decisions of Portuguese Entrepreneurs" *Journal of Urban Economics* 52:2 (2002), 341-361; and Michelacci and Silva (2007), "Why So Many Local Entrepreneurs?" *Review of Economics and Statistics* 89:4 (2007), 615-633.

8. Jolly (2015), *Systems Thinking for Business: Capitalize on Structures Hidden in Plain Sight*, Systems Solutions Press.

9. McKelvey (2004), "Toward a Complexity Science of Entrepreneurship" *Journal of Business Venturing*, 19, 313-341; and Hwang and Horowitt (2012), *The Rainforest: The Secret to Building the Next Silicon Valley*, Regenwald.

10. *The Irish Times* (2015), "Harvard MBAs Give Up on Wall Street" August 6, available at: https://www.irishtimes.com/business/work/harvard-mbas-give-up-on-wall-street-1.2308774.

11. 關於利率如何影響創投資金供給的討論，參見 Gompers and Lerner (1998), "What Drives Venture Capital Fundraising?" *Brookings Papers on Economic Activity: Microeconomics*. 關於低利率環境、它對創投業的影響、它的歷史背景等相關討論，參見 Janeway (2018), *Doing Capitalism in the Innovation Economy: Reconfiguring the Three-Player Game between Markets, Speculators and the State*, Cambridge University Press.

12. Stanford and Le (2019), "Nontraditional Investors in VC Are Here to Stay" *PitchBook Analyst Note*.

13. Hathaway (2019), "The Rise of Global Startup Investors," *Ian Hathaway Blog*, January 14, http://www.ianhathaway.org/blog/2019/1/14/the-rise-of-global- startup-investors.

14. Hathaway (2018), "Startup Communities Revisited" *Ian Hathaway Blog*, August 30, http://www.ianhathaway.org/blog/2018/8/30/startup-communities-revisited.

15. See Hathaway (2018), "Americans Rising Startup Cities" Center for American Entrepreneurship; Florida and Hathaway (2018), "Rise of the Global Startup City: The New Map of Entrepreneurship and Venture Capital" *Center for American Entrepreneurship*.

16. Hathaway (2018), "America's Rising Startup Communities" Center for American Entrepreneurship; Hathaway (2018), "High-Growth Firms and Cities in the US: An Analysis of the Inc. 5000" *Brookings Institution*; and Hathaway (2016), "Accelerating Growth: Startup Accelerator Programs in the United States," *Brookings Institution*.

17. Florida and Hathaway (2018), "Rise of the Global Startup City: The New Map of Entrepreneurship and Venture Capital," *Center for American Entrepreneurship*.

18. Taylor (1911), *The Principles of Scientific Management*, Harper & Brothers; Burrows,

Gilbert, and Pollert (1992), *Fordism and Flexibility: Divisions and Change*, St. Martin's Press.

19. 關於複雜理論與複雜適應系統的優良入門讀物，參閱：Melanie Mitchell (2009), Complexity: A Guided Tour, Oxford University Press.

20. Ries (2011), *The Lean Startup: How Constant Innovation Creates Radically Successful Businesses*, Portfolio Penguin.

第二章

1. Center for American Entrepreneurship, "What Is Entrepreneurship?" available at: http://www.startupsusa.org/what-is-entrepreneurship/.

2. Blank (2010), "What's a Startup? First Principles" *Steve Blank*, January 25, available at https://steveblank.com/2010/01/25/whats-a-startup-first-principles/.

3. 事實上，在美國，約四分之三的創業新手在創業之初並沒有意圖讓事業成長。他們創業是基於非金錢的原因，例如彈性、滿足自己當老闆的願望。參見 Hurst and Pugsley (2011), "What Do Small Businesses Do?" Brookings Papers on Economic Activity.

4. Wise and Feld (2017), *Startup Opportunities: Know When to Quit Your Day Job* (second edition), Wiley.

5. Romer (1986), "Increasing Returns and Long Run Growth" *Journal of Political Economy*, 94, 1002-37; Lucas (1988), "On the Mechanics of Economic Development" *Journal of Monetary Economics,* 22, 3-42; Romer (1990), "Endogenous Technological Change" *Journal of Monetary Economics*, 98, S71-S102.

6. Audretsch, Keilbach and Lehmann (2006), *Entrepreneurship and Economic Growth*, Oxford University Press; Acs, Braunerhjelm, Audretsch and Carlsson (2009), "The Knowledge Spillover Theory of Entrepreneurship" *Small Business Economics*, 32(1), 15-30; and Audretsch and Keilbach (2007), "The Theory of Knowledge Spillover Entrepreneurship" *Journal of Management Studies*, 44 (7), 1242-1254.

7. 關於證據的摘要，參見 Audretsch (2012), "Determinants of High- Growth Entrepreneur-ship," *Organisation for Economic Cooperation and Development*; Haltiwanger, Jarmin, Kulick, and Miranda (2016), "High Growth Young Firms: Contribution to Job, Output and Productivity Growth" *U.S. Census Bureau, Center for Economic Studies*.

8. See, Hathaway (2018), "High-Growth Firms and Cities in the US: An Analysis of the Inc. 5000" *Brookings Institution*; Motoyama (2015), "The State-Level Geographic Analysis of High-Growth Companies," *Journal of Small Business & Entrepreneurship*, 27(2), 213 227; Li, Goetza, Partridge, and Fleming (2015), "Location Determinants of High-Growth Firms" *Entrepreneurship & Regional Development*; and Haltiwanger, Jarmin, Kulick, and Miranda (2017), "High Growth Young Firms: Contribution to Job, Output, and Productivity Growth," *Measuring Entrepreneurial Businesses: Current Knowledge and Challenges*, NBER.

9. Teece, Pisano, and Shuen (1997), "Dynamic Capabilities and Strategic Management" *Strategic Management Journal*, 18(7), 509-533.

10. Teece (1992), "Organizational Arrangements for Regimes of Rapid Techno-logical Progress," *Journal of Economic Behavior and Organization*, 18, 1-25.

11. 這個主題的開創性研究是Pfeffer and Salancik (1978), *The External Control of Organizations: A Resource Dependence Perspective*, Harper & Row. For a summary, see Hillman, Withers, and Collins (2009), "Resource Dependence Theory: A Review," Journal of Management, 35(6) 1404-1427.

12. See, for example, McChrystal, Silverman, Collins, and Fussel (2015), *Team of Teams: New Rules of Engagement for a Complex World*, Portfolio Penguin; Hathaway (2018), "The New York Yankees and Startup Communities," *Ian Hathaway blog*.

13. Hwang and Horowitt (2012), *The Rainforest: The Secret to Building the Next Silicon Valley*, Regenwald.

14. Fukuyama (1997), *Social Capital*, The Tanner Lectures on Human Values, Oxford University.

15. Baker (1990), "Market Networks and Corporate Behavior," *American Journal of Sociology*, 96, pp. 589-625; Jacobs (1965), The Death and Life of Great American Cities, Penguin Books; Putnam (1993), "The Prosperous Com-munity: Social Capital and Public Life," *American Prospect*, 13, pp. 35-42; Putnam (1995), "Bowling Alone: America's Declining Social Capital," *Journal of Democracy*, 6: 65-78; and Fukuyama (1995), *Trust: Social Virtues and the Creation of Prosperity*, Hamish Hamilton.

16. Hwang and Horowitt (2012), *The Rainforest: The Secret to Building the Next Silicon Valley*, Regenwald.

17. 關於聚集經濟的討論，參見 Brueckner (2011), Lectures in Urban Economics, The MIT Press, and O'Sullivan (2011), *Urban Economics*, McGraw-Hill Education.

18. 更多相關內容，參見Carlino and Kerr (2014), "Agglomeration and Innovation," *National Bureau of Economic Research*.

19. Feld (2010), "Entrepreneurial Density," *Feld Thoughts blog*, August 23; Feld (2011), "Entrepreneurial Density Revisited," *Feld Thoughts blog*, October 11.

20. Cometto and Piol (2013), *Tech and the City: The Making of New York's Startup Community*, Mirandola Press.

21. Rosenthal and Strange (2013), "Geography, Industrial Organization, and Agglomeration," *Review of Economics and Statistics*, 85:2, pp. 377-393.

22. Arzaghi and Henderson (2008), "Networking off Madison Avenue," *Review of Economic Studies*, 75, pp. 1011-1038.

23. Feldman (2014), "The Character of Innovative Places: Entrepreneurial Strategy, Economic Development, and Prosperity," *Small Business Economics*, 43, pp. 9-20.

24. Catmull and Wallace (2014), Creativity, *Inc.: Overcoming the Unseen Forces That Stand in the Way of True Inspiration*, Bantam Press; McChrystal, Silver-man, Collins, and

Fussel (2015), Team of Teams: New Rules of Engagement for a Complex World, Portfolio Penguin.

25. Endeavor Insight (2014), *What Do the Best Entrepreneurs Want in a City? Lessons from the Founders of America's Fastest-Growing Companies*; Florida (2002), *The Rise of the Creative Class: And How It's Transforming Work*, Leisure, Community and Everyday Life, Basic Books.

26. Hathaway (2017), "The Amazon Bounce Back" Ian Hathaway blog, October 22; Feld (2018), "What Denver Should Do When Amazon Doesn't Choose It For HQ2" *Feld Thoughts blog*, February 1.

27. Chatterji, Glaeser, and Kerr (2013), "Clusters of Entrepreneurship and Innovation" *National Bureau of Economic Research*.

28. Hathaway (2018), "High-Growth Firms and Cities in the US: An Analysis of the Inc. 5000" *Brookings Institution*.

29. Lee, Florida, and Acs (2004), "Creativity and Entrepreneurship: A Regional Analysis of New Firm Formation" 38(8), 879-891; Boschma and Fritsch (2009), "Creative Class and Regional Growth in Europe: Empirical Evidence from Seven European Countries" 85(4), 391-423; Florida, Mellander, and Stolarick (2008), "Inside the Black Box of Regional Development" *Journal of Economic Geography* 8(5), 615-649.

30. Endeavor Insight (2014), *What Do the Best Entrepreneurs Want In A City? Lessons from the Founders of America's Fastest-Growing Companies*.

31. 關於證據,參見 Figueiredo, Guimaraes, and Woodward (2007), "Home-Field Advantage: Location Decisions of Portuguese Entrepreneurs" *Journal of Urban Economics* 52:2 (2002), 341-361; and Michelacci and Silva (2007),"Why So Many Local Entrepreneurs?", *Review of Economics and Statistics* 89:4 (2007), 615-633.

32. Baird (2017), *The Innovation Blind Spot: Why We Back the Wrong Ideas—and What to Do About It*, BenBella Books.

33. Hickenlooper's final State of the State speech is available from *The Denver Post* at: https://www.denverpost.com/2018/01/11/john-hickenlooper-colorado-state-of-state-text/.

第三章

1. See, Renando (2019), "Roles and Functions in Innovation Ecosystems," *LinkedIn*; Renando (2019), "Network Analysis of an Entrepreneur Ecosystem— Ph.D. in progress," LinkedIn.

2. 「鼓動者」這個詞是由克里斯‧赫弗利(Chris Heivly)和麥特‧赫爾特(Matt Helt)率先提出。

3. Morris and Torok (2018), Fostering Productive Entrepreneurship Commu-nities: Key Lessons on Generating Jobs, Economic Growth, and Innovation" Endeavor; Goodwin (2014), "The Power of Entrepreneur Networks: How New York City Became the Role Model for Other Urban Tech Hubs" *Endeavor*.

4. Motoyama, Konczal, Bell-Masterson, and Morelix (2014), "Think Locally, Act Locally: Building a Robust Entrepreneurial Ecosystem" *Kauffman Foundation*.

5. 我正在寫一本書，書名是《*#GiveFirst: A New Philosophy for Business in The Era of Entrepreneurship*》。

6. Feld (2012), *Startup Communities: Building an Entrepreneurial Ecosystem in Your City*, John Wiley & Sons, pp. 147-148.

7. Bernthal (2017), "Who Needs Contracts? Generalized Exchange Within Investment Accelerators" *Marquette Law Review*, 100: 997.

8. 矽谷時代最具代表性的教練之一是比爾·坎貝爾（Bill Campbell），在艾力克·施密特（Eric Schmidt）、強納森·羅森柏格（Jonathan Rosenberg）、亞倫·伊格爾（Alan Eagle）合撰的《教練》（*Trillion Dollar Coach: The Leadership Handbook of Silicon Valley's Bill Campbell*）中有詳盡的說明。https://www.trilliondollarcoach.com/.

9. Reboot (https://www.reboot.io/) 是由我的多年好友傑瑞·柯隆納（Jerry Colonna）創立，他也是成功的創投家，1990 年代與弗瑞德·威爾森（Fred Wilson）合創 Flatiron Partners。也參見柯隆納的精彩著作：*Reboot: Leadership and the Art of Growing Up*, Harper Business (2019).

10. Calacanis (2017), Angel: *How to Invest in Technology Startups: Timeless Advice from an Angel Investor Who Turned $100,000 into $100,000,000*, Harper Business.

11. Hathaway (2017), "The Amazon Bounce Back" *Ian Hathaway blog*, October 22; Feld (2018), "What Denver Should Do When Amazon Doesn't Choose It For HQ2" *Feld Thoughts blog*.

12. Lach (2019), "Wisconsin's Foxconn Debacle Keeps Getting Worse" *The New Yorker*, January 30, available at: https://www.newyorker.com/news/current/wisconsins-foxconn-debacle-keeps-getting-worse.

13. Kanter (2018), "Apple Threw Shade on Amazon with New Campus in Austin, Texas," *Business Insider*, December 16, available at: https://www.businessinsider.com/apple-threw-shade-on-amazon-with-new-campus-in-austin-texas-2018-12?r=US&IR=T.

14. Auerswald (2015), "Enabling Entrepreneurial Ecosystems: Insights from Ecology to Inform Effective Entrepreneurship Policy," *Kauffman Foundation*.

15. Lerner (2012), *Boulevard of Broken Dreams: Why Public Efforts to Boost Entrepreneurship and Venture Capital Have Failed—and What to Do about It*, The Kauffman Foundation Series on Innovation and Entrepreneurship.

第四章

1. Kim and Kleinbaum (2016), "Teams and Networks" State of the Field; Ruef (2010), *The Entrepreneurial Group: Social Identities, Relations, and Collective Action*, Princeton University Press.

2. Stangler and Bell-Masterson (2015), "Measuring an Entrepreneurial Ecosystem" *Kauffman Foundation*.

3. Motoyama (2014), "Do's and Don'ts of Supporting Entrepreneurship" *Kauffman Foundation.*

第五章

1. Pennings (1982), "The Urban Quality of Life and Entrepreneurship" *Academy of Management Journal*, 25, 63-79.
2. See, for example, Dubini (1989), "The Influence of Motivations and Environment on Business Start-Ups: Some Hints for Public Policies" *Journal of Business Venturing*, 4, 11-26; Van de Ven (1993), "The Development of an Infrastructure for Entrepreneurship, *Journal of Business Venturing*, 8, 211-230.
3. See, Aldrich (1990), "Using an Ecological Perspective to Study Organizational Founding Rates" *Entrepreneurship: Theory and Practice*; Moore (1993), "Predators and Prey: A New Ecology of Competition" *Harvard Business Review*, May-June, 75-86.
4. See, for example, Spilling (1996), "The Entrepreneurial System: On Entrepre-neurship in the Context of a Mega-Event," *Journal of Business Research*, 36(1), 91-103; Neck et al. (2004), "An Entrepreneurial System View of New Venture Creation" *Journal of Small Business Management*, 42(2), 190-208; Isenberg (2010), "The Big Idea: How to Start an Entrepreneurial Revolution," *Harvard Business Review*, June; Isenberg (2011), "The Entrepreneurship Ecosystem Strategy as a New Paradigm for Economic Policy: Principles for Cultivating Entrepreneurship," *The Babson Entrepreneurship Ecosystem Project*.
5. 這些定義是結合 Google 搜尋的結果 (https://www.google.com/search?q=define %3A+community/0)、Merriam-Webster 線上字典 (https://www.merriam-webster.com/dictionary/community) 和我們的改編。
6. 之前談「以創始人為重」的文章，參見 Hathaway (2017), "#FoundersFirst" *Startup Revolution Blog*, available at: https://www.startu- prev.com/foundersfirst/; Birkby (2017), "What it means to put founders first" Startup Stories Blog, available at: https://medium.com/startup-foundation- stories/what-it-means-to-put-founders-first-fa6f19921f61.
7. Meadows (2008), *Thinking in Systems: A Primer*, Chelsea Green Publishing.
8. Hathaway (2017), "#FoundersFirst" *Startup Revolution*, available at: https://www.startuprev.com/foundersfirst/.
9. Meadows (2008), *Thinking in Systems: A Primer*, Chelsea Green Publishing.
10. Griffin (2107), "12 Things about Product-Market Fit" *a16z blog*, February 18, available at: https://a16z.com/2017/02/18/12-things-about-product-market-fit/.
11. Florida and Hathaway (2018), "Rise of the Global Startup City: The New Map of Entrepreneurship and Venture Capital," *Center for American Entrepreneurship*.

第六章

1. 關於系統的資源很多，但想取得入門指南，可參閱 Carter and Gomez (2019), *Introduction to Systems Thinking*, Carnegie Mellon University.

2. Christaskis (2009), *Connected: The Surprising Power of Our Social Networks and How They Shape Our Lives: How Your Friends' Friends' Friends Affect Everything You Feel, Think, and Do*, Little, Brown Spark.
3. See Motoyama and Watkins (2017), "Examining the Connections within the Entrepreneurial ecosystem: A Case Study of St. Louis, *Entrepreneurship Research Journal* 7(1): 1-32.
4. Nason (2017), *It's Not Complicated: The Art and Science of Complexity in Business*, Rotman-UTP Publishing.
5. Nason (2017), *It's Not Complicated: The Art and Science of Complexity in Business*, Rotman-UTP Publishing.
6. See, for example, Kahneman (2012), *Thinking, Fast and Slow*, Penguin.
7. Horowitz (2019), *What You Do Is Who You Are: How to Create Your Business Culture*, Harper Business.

第七章

1. 本章內容得益於複雜科學界許多先驅的研究，他們對我們的研究有難以估量的影響，包括 Waldrop (1992), *Complexity: The Emerging Science at the Edge of Order and Chaos*, Simon & Schuster; Miller and Page (2007), *Complex Adaptive Systems: An Introduction to Computational Models of Social Life*, Princeton University Press; Mitchell (2009), *Complexity: A Guided Tour*, Oxford University Press; Page (2010), *Diversity and Complexity*, Princeton University Press; Holland (2012), *Signals and Boundaries: Building Blocks for Complex Adaptive Systems*, MIT Press; Holland (2014), *Complexity: A Very Short Introduction*, Oxford University Press; Colander and Kupers (2014), *Complexity and the Art of Public Policy: Solving Society's Problems from the Bottom Up*, Princeton University Press; West (2017), *Scale: The Universal Laws of Growth, Innovation, Sustainability, and the Pace of Life in Organisms, Cities, Economies, and Companies*, Penguin Press.
2. Weaver (1948), "Science and Complexity," *American Scientist*, 36: 536.
3. Santa Fe Institute (n.d.), "History," Santa Fe Institute website, available at https://www.santafe.edu/about/history.
4. Meadows (2008), *Thinking in Systems: A Primer*, Chelsea Green Publishing.
5. 同前。
6. https://www.vocabulary.com/dictionary/emerge.
7. Miller and Page (2007), *Complex Adaptive Systems: An Introduction to Computational Models of Social Life*, Princeton University Press.
8. Johnson (2001), *Emergence: The Connected Lives of Ants, Brains, Cities, and Software*, Scribner.
9. Complexity Labs (2017), *Complex Adaptive Systems*, Systems Innovation.
10. 1990 年，我中止攻讀博士學位，我比較適合創業，而不是攻讀博士。

11. Von Hippel (1978), "A Customer-Active Paradigm for Industrial Product Idea Generation," *Research Policy*, 1978, vol. 7, issue 3, 240-266.

12. 關於精實新創企業的更多資訊，參見 Blank (2005), *The Four Steps to the Epiphany: Successful Strategies for Products That Win*, K & S Ranch; and Ries (2011), *The Lean Startup: How Constant Innovation Creates Radically Successful Businesses*, Portfolio Penguin.

13. Seward (2013), "The First-Ever Hashtag, @-reply, and Retweet, as Twitter Users Invented Them" *Quartz*, October 13, available at: https://qz.com/135149/the-first-ever-hashtag-reply-and-retweet-as-twitter-users-invented-them/.

14. 更多相關內容，參見 https://systemsinnovation.io/.

15. 關於乘冪定律，參見 Clauset, Shalizi, and Newman (2009), "Power- Law Distributions in Empirical Data," *Society for Industrial and Applied Mathematics Review* 51(4): 661-703.

16. Bonabeau, Dorigo, and Theraulaz (1999), *Swarm Intelligence: From Natural to Artificial Systems*, Oxford University Press.

17. Jolly (2015), S*ystems Thinking for Business: Capitalize on Structures Hidden in Plain Sight*, Systems Solutions Press.

18. 同前。

19. Jolly (2015), *Systems Thinking for Business: Capitalize on Structures Hidden in Plain Sight*, Systems Solutions Press.

20. 同前。

21. Forrester (1989), "The Beginning of System Dynamics," *Sloan School of Management*, MIT, Banquet Talk at the international meeting of the System Dynamics Society, Stuttgart, Germany, July 13, available at: https://web.mit.edu/sysdyn/sd-intro/D-4165-1.pdf.

22. Jolly (2015), *Systems Thinking for Business: Capitalize on Structures Hidden in Plain Sight*, Systems Solutions Press.

23. Emery and Clayton (2004), "The Mentality of Crows: Convergent Evolution of Intelligence in Corvids and Apes," *Science*, 306(5703): 1903-7.

24. See, for example, Kahneman (2012), *Thinking, Fast and Slow*, Penguin.

25. Winslow (1996), *The Making of Silicon Valley: A One Hundred Year Renaissance*, Santa Clara Valley Historical Association.

26. Feld (2018), "Binary Star Startup Communities," *Brad Feld Blog*, July 18, available at: https://feld.com/archives/2018/07/binary-star-startup-commu- nities.html.

27. Jolly (2015), *Systems Thinking for Business: Capitalize on Structures Hidden in Plain Sight*, Systems Solutions Press.

28. 同前。

29. Lerner (2012), *Boulevard of Broken Dreams: Why Public Efforts to Boost Entrepreneurship and Venture Capital Have Failed—and What to Do about It*, The Kauffman Foundation Series on Innovation and Entrepreneurship.

第八章

1.　Azoulay, Jones, Kim, and Miranda (2018), "Age and High-Growth Entrepreneurship" *NBER Working Paper*.

2.　Motoyama (2014), "The State-Level Geographic Analysis of High-Growth Companies," *Journal of Small Business & Entrepreneurship* 27: 2; Hathaway (2018), "High-Growth Firms and Cities in the US: An Analysis of the Inc. 5000," *Brookings Institution*; Qian and Yao (2017), "The Role of Research Universities in U.S. College-Town Entrepreneurial Ecosystems," *SSRN Working Paper*; Hathaway (2016), "Accelerating Growth: Startup Accelerator Programs in the United States," *Brookings Institution*; Motoyama and Bell-Masterson (2014), "Beyond Metropolitan Startup Rates: Regional Factors Associated with Startup Growth, *Kauffman Foundation*.

3.　Feldman and Zoller (2012), "Dealmakers in Place: Social Capital Connections in Regional Entrepreneurial Economies," *Regional Studies* 46.1: 23-37.

4.　Chatterji, Glaeser, Kerr (2013), "Clusters of Entrepreneurship and Innovation," N*BER Working Paper*.

5.　Saxenian (1994), *Regional Advantage: Culture and Competition in Silicon Valley and Route 128*, Harvard University Press; O'Mara (2019), *The Code: Silicon Valley and the Remaking of America*, Penguin Press.

6.　Hwang and Horowitt (2012), *The Rainforest: The Secret to Building the Next Silicon Valley*, Regenwald.

7.　Schroeder (2013), *Startup Rising: The Entrepreneurial Revolution Remaking the Middle East*, St. Martinis Press.

8.　Schroeder (2017), "A Different Story from the Middle East: Entrepreneurs Building an Arab Tech Economy," *MIT Technology Review*, August 3. https:// www.technologyreview. com/s/608468/a-different-story-from-the-middle- east-entrepreneurs-building-an-arab-tech-economy/.

9.　若要檢閱這份文獻，參見底下論文的相關章節與研究結果：Shaw and Sorensen (2017), "The Productivity Advantage of Serial Entrepreneurs," *National Bureau of Economic Research*. 亦參見 Eesley and Roberts (2012), "Are You Experienced or Are You Talented?: When Does Innate Talent versus Experience Explain Entrepreneurial Performance?" *Strategic Entrepreneurship Journal*, 6(3): 207-219; and Parker (2013), "Do Serial Entrepreneurs Run Successively Better-Performing Businesses?" *Journal of Business Venturing*, 28(5): 652-666. 另請參閱創辦人年齡與達到高成長的機率之間的正相關文獻：Azoulay, Jones, Kim, and Miranda (2018), "Age and High-Growth Entrepreneurship" *National Bureau of Economic Research*.

10.　Feldman and Zoller (2012), "Dealmakers in Place: Social Capital Connections in Regional Entrepreneurial Economies" *Regional Studies*, Vol 46.1: 23-37.

11.　Kemeny, Feldman, Ethridge, and Zoller (2016), "The Economic Value of Local Social

Networks" *Journal of Economic Geography*, 16, 1101-1122.

12. Feldman and Zoller (2012), "Dealmakers in Place: Social Capital Connec-tions in Regional Entrepreneurial Economies" *Regional Studies* 46.1: 23-37; Kemeny, Feldman, Ethridge, and Zoller (2016), "The Economic Value of Local Social Networks" *Journal of Economic Geography* 16(5), 1101-1122.

13. See, Mulas, Minges, and Applebaum (2016), "Boosting Tech Innovation Ecosystems in Cities: A Framework for Growth and Sustainability of Urban Tech Innovation Ecosystems" *Innovations*.

14. Morris and Torok (2018), "Fostering Productive Entrepreneurship Commu-nities: Key Lessons on Generating Jobs, Economic Growth, and Innovation," *Endeavor*; Goodwin (2014), "The Power of Entrepreneur Networks: How New York City Became the Role Model for Other Urban Tech Hubs" *Endeavor*.

15. Mulas and Gastelu-Iturri (2016), "New York City: Transforming a City into a Tech Innovation Leader" *World Bank*; Mulas, Qian, and Henry (2017), "Tech Start-up Ecosystem in Dar es Salaam: Findings and Recommendations" *World Bank*; Mulas, Qian, and Henry (2017), "Tech Start-up Ecosystem in Beirut: Findings and Recommendations," *World Bank*; Mulas, Qian, Garza, and Henry (2018), "Tech Startup Ecosystem in West Bank and Gaza: Findings and Recommendations," *World Bank*.

第九章

1. Taylor (1911), The Principles of Scientific Management, Harper & Brothers; Burrows, Gilbert, and Pollert (1992), *Fordism and Flexibility: Divisions and Change*, St. Martin's Press.

2. See, Wolfe (1987), Bonfire of the Vanities, Farrar, Straus, and Giroux; and Nason (2017), *It's Not Complicated: The Art and Science of Complexity in Business*, Rotman-UTP Publishing.

3. Colander and Kupers (2014), *Complexity and the Art of Public Policy: Solving Society's Problems from the Bottom Up*, Princeton University Press.

4. Page (2017), *The Diversity Bonus: How Great Teams Pay Off in the Knowledge Economy*, Princeton University Press.

5. Hathaway (2019), "The J-Curve of Startup Community Transition," *Ian Hathaway blog*, January 15, available at: http://www.ianhathaway.Org/blog/2019/1/15/ the-j-curve-of-startup-community-transition. It was inspired by: Bremmer (2006), *The J Curve: A New Way to Understand Why Nations Rise and Fall*, Simon & Schuster.

6. Taleb (2012), *Antifragile: Things That Gain from Disorder*, Random House.

7. 同前。

8. Nason (2017), *It's Not Complicated: The Art and Science of Complexity in Business*, Rotman-UTP Publishing.

第十章

1. See, Motoyama and Bell-Masterson (2013), "Beyond Metropolitan Startup Rates: Regional Factors Associated with Startup Growth" *Kauffman Foundation*; Chatterji, Glaeser, and Kerr (2013), "Clusters of Entrepreneurship and Innovation" *National Bureau of Economic Research*; Qian and Yao (2017), "The Role of Research Universities in U.S. College-Town Entrepreneurial Ecosystems" working paper; Motoyama and Mayer (2017), "Revisiting the Roles of University in Regional Economic Development," *Growth and Change*, 48(4): 787-804.

2. See, for example, Motoyama and Watkins (2017), "Examining the Connections within the Entrepreneurial ecosystem: A Case Study of St. Louis, *Entrepreneurship Research Journal*, 7(1): 1-32; Motoyama, Fetsch, Jackson, and Wiens (2016), "Little Town, Layered Ecosystem: A Case Study of Chattanooga" *Kauffman Foundation*; Motoyama, Henderson, Gladen, Fetsch, and Davis (2017), "A New Frontier: Entrepreneurship Ecosystems in Bozeman and Missoula, Montana"

3. Lorenz (1972), "Does the Flap of a Butterfly's Wings in Brazil Set Off a Tornado in Texas?", presented before the American Association for the Advancement of Science, December 29; Lorenz (1993), *The Essence of Chaos*, University of Washington Press.

4. Thomas C Schelling (1969), "Models of Segregation," *American Economic Review*, 59(2): 488-493.

5. Colander and Kupers (2014), *Complexity and the Art of Public Policy: Solving Society's Problems from the Bottom Up*, Princeton University Press.

6. McLaughlin, Weimers, and Winslow (2008), *Silicon Valley: 110 Year Renaissance*. Santa Clara Valley Historical Association.

7. Vogelstein (2003), "Mighty Amazon Jeff Bezos has been hailed as a visionary and put down as a goofball. He's proved critics wrong by forging a winning management strategy built on brains, guts, and above all, numbers" *Fortune* magazine, May 26.

8. Hathaway (2018), "Startup Communities Revisited" *Ian Hathaway Blog*, August 30.

9. Kahneman (2011), *Thinking, Fast and Slow*, Farrar, Straus, and Giroux.

10. Ariely, (2009), *Predictably Irrational: The Hidden Forces That Shape Our Decisions*, Harper.

11. Hume (1739), *A Treatise of Human Nature*.

12. Jolly (2015), *Systems Thinking for Business: Capitalize on Structures Hidden in Plain Sight*, Systems Solutions Press.

13. Nassim Nicholas Taleb (2007), *The Black Swan: The Impact of the Highly Improbable*, Random House.

14. See Janeway (2018), *Doing Capitalism in the Innovation Economy: Reconfiguring the Three-Player Game between Markets, Speculators and the State*, Cambridge University Press.

15. Hickenlooper (2018), State of the State speech, January 11, available at: https://www.denverpost.com/2018/01/11/john-hickenlooper-colorado-state-of-state-text/.

16. Feldman, Francis, and Bercovitz (2005), "Creating a Cluster While Building a Firm: Entrepreneurs and the Formation of Industrial Clusters" *Regional Studies* 39(1).

17. Feldman (2001), "The Entrepreneurial Event Revisited: Firm Formation in a Regional Context" *Industrial and Corporate Change* 10(4): 861-891.

第十一章

1. See Zak (2013), "Measurement Myopia, Drucker Institute website, July 4, available at: https://www.drucker.institute/thedx/measurement-myopia/. 感謝波士頓顧問公司（BCG）大眾影響中心的丹尼·布爾克利（Danny Buerkli）啟發本節架構：Buerkli (2019), "'What Gets Measured Gets Managed—It's Wrong and Drucker Never Said It," Medium, April 8, available at: https://medium.com/ centre-for-public-impact/what-gets-measured-gets-managed-its-wrong-and- drucker-never-said-it-fe95886d3df6.

2. Zak (2013).

3. Caulkin (2008), "The Rule is Simple: Be Careful What You Measure" *The Guardian*, February 10, available at: https://www.theguardian.com/business/ 2008/feb/10/businesscomment1.

4. Principally among these is Isenberg (2011), "The Entrepreneurship Ecosystem Strategy as a New Paradigm for Economic Policy: Principles for Cultivating Entrepreneurship, *The Babson Entrepreneurship Ecosystem Project*. See also: Aspen Network of Development Entrepreneurs (ANDE) (2013), "Entrepreneurial Ecosystem Diagnostic Toolkit" *The Aspen Institute*; Global Entrepreneurship Network and Global Entrepreneurship Development Institute (2019), *Global Entrepreneurship Index*; Organisation for Economic Co-operation and Development (2008), *OECD Entrepreneurship Measurement Framework*; World Economic Forum, *Entrepreneurship Ecosystem*; and Stangler and Bell-Masterson (2015), "Measuring an Entrepreneurial Ecosystem" Kauffman Foundation.

5. Renando (2017, 2018, 2019), LinkedIn, available at: https://www.linkedin.om/in/ chadrenando/detail/recent-activity/posts/.

6. Startup Status (n.d.), www.startupstatus.co.

7. Global Entrepreneurship Network and Global Entrepreneurship Development Institute (2019), Global Entrepreneurship Index; and Startup Genome (2019), *Global Startup Ecosystem Report*. In addition to these, see Aspen Network of Development Entrepreneurs (ANDE) (2013), 'Entrepreneurial Ecosystem Diagnostic Toolkit," *The Aspen Institute*; World Economic Forum (2013), *Entrepreneurship Ecosystem*; Organisation for Economic Co-operation and Development (2008), *OECD Entrepreneurship Measurement Framework*; and Szerb, Acs, Komlosi, and Ortega-Argiles (2015), "Measuring Entrepreneurial Ecosystems: The Regional Entrepreneurship and Development Index (REDI)" *Henley Centre for Entrepreneurship*, University of Reading.

8. 其他針對現代、科技與創投資助新創企業的模型包括 StartupBlink (https://www.startupblink.com/) and Startup Meter (http:// startup-meter.org).

9. Feldman and Zoller (2012), "Dealmakers in Place: Social Capital Connections in Regional Entrepreneurial Economies" *Regional Studies*, Vol 46.1, pp 23-37; Kemeny, Feldman, Ethridge, and Zoller (2016), "The Economic Value of Local Social Networks Role: Production Editor," *Journal of Economic Geography*, 16(5), 1101-1122.

10. Morris and Torok (2018), "Fostering Productive Entrepreneurship Com-munities: Key Lessons on Generating Jobs, Economic Growth, and Innovation" *Endeavor*; Goodwin (2014), "The Power of Entrepreneur Networks: How New York City Became the Role Model for Other Urban Tech Hubs" *Endeavor*; Mulas and Gastelu-Iturri (2016), "New York City: Transforming a City into a Tech Innovation Leader" *World Bank*; Mulas, Qian, and Henry (2017), "Tech Start-up Ecosystem in Dar es Salaam: Findings and Recommendations" *World Bank*; Mulas, Qian, and Henry (2017), "Tech Start-up Ecosystem in Beirut: Findings and Recommendations" *World Bank*; Mulas, Qian, Garza, and Henry (2018), "Tech Startup Ecosystem in West Bank and Gaza: Findings and Recommendations" *World Bank*.

11. Endeavor Insight (2013), *The New York City Tech Map*, http://nyctechmap.com/.

12. Mack and Mayer (2016), "The Evolutionary Dynamics of Entrepreneurial Ecosystems" *Urban Studies*, 53(10): 2118-2133.

13. See, for example, Braunerhjelm and Feldman (eds.) (2006), *Cluster Genesis: Technology-Based Industrial Development*, Oxford University Press.

14. See also Mack and Mayer (2016), "The Evolutionary Dynamics of Entrepreneurial Ecosystems" *Urban Studies*, 53(10): 2118-2133; and Brown and Mason (2017), "Looking Inside the Spiky Bits: A Critical Review and Conceptualization of Entrepreneurial Ecosystems," *Small Business Economics*.

15. Lamoreaux, Levenstein, and Sokoloff, (2004). "Financing Invention During the Second Industrial Revolution: Cleveland, Ohio, 1870-1920" *National Bureau of Economic Research*.

16. Saxenian (1996), *Regional Advantage: Culture and Competition in Silicon Valley and Route 128*, Harvard University Press.

17. Pool and Van Itallie (2013), "Learning from Boston: Implications for Baltimore from Comparing the Entrepreneurial Ecosystems of Baltimore and Boston," Canterbury Road Partners; Stam (2015), "Entrepreneurial Ecosystems and Regional Policy: A Sympathetic Critique" *European Planning Studies*, 23(9); Spigel (2017), "The Relational Organization of Entrepreneurial Ecosystems," *Entrepreneurship Theory and Practice*, 41(1): 49-72; Stam and Spigel (2017), "Entrepreneurial Ecosystems," in Blackburn, et al. (Eds.), *The Sage Handbook of Small Business and Entrepreneurship*, forthcoming.

18. See for example, Carayannis, Provance, Grigoroudis (2016), "Entrepreneur-ship Ecosystems: An Agent-Based Simulation Approach" *The Journal of Technology Transfer*

41(3): 631-653.

19. Anderson (2010), "The Community Builder's Approach to Theory of Change: A Practical Guide to Theory Development," *The Aspen Institute Roundtable on Community Change*; Innovation Network, Inc. (2010), *Logic Model Workbook*.

20. Wilensky and Rand (2015), *An Introduction to Agent-Based Modeling: Modeling Natural, Social, and Engineered Complex Systems with NetLogo*, The MIT Press.

21. For more, see Santa Fe Institute, Introduction to Agent-Based Modeling, available at: https://www.complexityexplorer.org/courses/101 -introduction- to-agent-based-modeling.

22. Schelling (1969), "Models of Segregation," *American Economic Review*, 59(2):488-493.

23. McKelvey (2004), "Toward a Complexity Science of Entrepreneurship," *Journal of Business Venturing*, 19(3): 313-341; Carayannis, Provance, and Grigoroudis (2016), "Entrepreneurship Ecosystems: An Agent-Based Simulation Approach," *The Journal of Technology Transfe*r, 41: 631-653; Carayannis and Provance (2018), "Towards 'Skarse' Entrepreneurial Ecosystems: Using Agent- Based Simulation of Entrepreneurship to Reveal What Makes Regions Tick *Entrepreneurial Ecosystems and the Diffusion of Startups,* Carayannis, Dagnino, Alvarez, and Faraci (eds.), Edward Elgar.

24. Roundy, Bradshaw, Brockman (2018), "The Emergence of Entrepreneurial Ecosystems: A Complex Adaptive Systems Approach," *Journal of Business Research*, 86: 1-10.

第十二章

1. Hwang and Horowitt (2012), *The Rainforest: The Secret to Building the Next Silicon Valley*, Regenwald.

2. Hathaway (2017), "Colorado and the Importance of Startup Density," *Startup Revolution*, available at: https://www.startuprev.com/colorado-and-the-importance-of-startup-density/.

3. Motoyama, Konczal, Bell-Masterson, and Morelix (2014), "Think Locally, Act Locally: Building a Robust Entrepreneurial Ecosystem," Kauffman Foundation.

4. Andreessen, Horowitz, and Cowen (2018), "Talent, Tech Trends, and Culture," a16z podcast, December 29, available at: https://a16z.com/2018/12/29/ talent-tech-trends-culture-ben-marc-tyler-cowen-summit-2018/.

5. Stroh (2015), Systems Thinking for Social Change: A Practical Guide to Solving Complex Problems, Avoiding Unintended Consequences, and Achieving Lasting Results, Chelsea Green Publishing Co.

6. Stroh (2015), Systems Thinking for Social Change: A Practical Guide to Solving Complex Problems, Avoiding Unintended Consequences, and Achieving Lasting Results, Chelsea Green Publishing Co.

7. Meadows (2008), Stroh (2015).

8. da Costa (2013), "Exploring Pathways to Systems Change" Sustainability Leaders Network; and Meadows (1999), "Leverage Points: Places to Intervene in a System" *Sustainability Institute*.

9. Meadows (1999), "Leverage Points: Places to Intervene in a System" *Sustainability Institute.*

10. Meadows (1999).

11. 同前。

12. Meadows (1999).

13. With guidance from), "Exploring Pathways to Systems Change," Sustainability Leaders Network, which distills these 12 leverage points into four for environmental systems.

14. Putnam (2000)*, Bowling Alone: The Collapse and Revival of American Community,* Simon & Schuster.

15. Meadows (1999).

16. Meadows (2008).

17. Stroh (2015).

18. Senge (1990), *The Fifth Discipline: The Art & Practice of The Learning Organization,* Random House.

19. Aulet and Murray (2013), "A Tale of Two Entrepreneurs: Understanding Differences in the Types of Entrepreneurship in the Economy," *Kauffman Foundation.*

20. Eesley and Roberts (2017), "Cutting Your Teeth: Learning from Entrepreneurial Experiences" *Academy of Management.*

21. Aulet (2017), "Entrepreneurship Is a Craft and Here's Why That's Important" *Sloan Management Review*, July 12, available at: https://sloanreview.mit.edu/ article/ entrepreneurship-is-a-craft-heres-why-thats-important/.

22. Wasserman (2013), *The Founder's Dilemmas: Anticipating and Avoiding the Pitfalls That Can Sink a Startup*, Princeton University Press.

23. Aulet (2015), "The Most Overrated Things in Entrepreneurship" *The Sloan Experts Blog*, December 17, available at: http://mitsloanexperts.mit.edu/the- most-overrated-thing-in-entrepreneurship/.

24. Aulet (2013), "Teaching Entrepreneurship Is in the Startup Phase: Students Are Clamoring for Instruction, but It's Hard. There Are No Algorithms for Success, *The Wall Street Journal*, September 11, https://www.wsj.com/arti- cles/teaching-entrepreneurship-is-in-the-startup-phase-1378942182.

第十三章

1. 儘管這方面的學術文獻才剛出現，但扎實的研究包括：Sanchez-Burks, Brophy, Jensen, and Milovac (2017), "Mentoring in Entrepreneurial Ecosystems: A Multi-Institution Empirical Analysis from the Perspectives of Mentees, Mentors and University and Accelerator Program Administrators," *Ross School of Business Paper*, No. 1376; and Hallen, Cohen, and Bingham (2016), "Do Accelerators Accelerate? If So, How? The Impact of Intensive Learning from Others on New Venture Development," SSRN. Program surveys include MicroMentor (2016) *Impact Report.*

2. Sanchez-Burks, Brophy, Jensen, and Milovac (2017).

3. Sanchez-Burks, Brophy, Jensen, and Milovac (2017).

4. Techstars (n.d.), "Mentoring at Techstars," available at: https://www.techstars.com/mentoringattechstars/.

5. Memon, Rozan, Ismail, Uddin, and Daud (2015), "Mentoring an Entrepre-neur: Guide for a Mentor," SAGE Open, 5(1).

6. Bosma, Hessels, Schutjens, Van Praag, and Verheul (2012), "Entrepreneurship and Role Models", *Journal of Economic Psychology*, 33, pp. 410-424.

7. Easley and Wang (2014), "The Effects of Mentoring in Entrepreneurial Career Choice," *University of California, Berkeley working paper*; Easley and Wang (2017), "The Effects of Mentoring in Entrepreneurial Career Choice," Research Policy, 46(3): 636-650.

8. Dr. Seuss (1971), *The Lorax*, Random House. Ian thanks Jack Greco for bringing this idea to startup communities.

9. Feldman (2014), "The Character of Innovative Places: Entrepreneurial Strategy, Economic Development, and Prosperity," Small Business Economics, 43: 9-20; Feldman, Francis, and Bercovitz (2005), "Creating a Cluster While Building a Firm: Entrepreneurs and the Formation of Industrial Clusters," *Regional Studies*, 39(1): 129-141.

10. Stroh (2015), *Systems Thinking for Social Change: A Practical Guide to Solving Complex Problems, Avoiding Unintended Consequences, and Achieving Lasting Results*, Chelsea Green Publishing Co.

第十四章

1. 不同世代的美國人分別有以下代稱：嬰兒潮世代、X 世代、千禧世代、Z 世代。每一代的區間從十五年到二十年不等，但細節比這種分法微妙得多。參見 Kasasa (2019), "Boomers, Gen X, Gen Y, and Gen Z Explained" Kasasa.com, July 29, available at: https://www.kasasa.com/articles/generations/gen-x-gen-y-gen-z.

2. Colander and Kupers (2014), Complexity and the Art of Public Policy: Solving Society's Problems from the Bottom Up, Princeton University Press.

3. 這三家公司是 Zayo（公開上市，目前正轉為私營）、Rally Software（公開上市，由 CA 收購）、Datalogix（由甲骨文收購）。這三家公司創造了引爆點，但其他的博德市公司則是高價出售退出，例如 SendGrid（公開上市，由 Twilio 收購）。

4. Winslow (1996), *The Making Of Silicon Valley: A One Hundred Year Renaissance*, Santa Clara Valley Historical Association.

5. Leslie and Kargon (1996), "Selling Silicon Valley: Frederick Terman's Model for Regional Advantage" *The Business History Review*, 70:04.

6. Weber (1905), *The Protestant Ethic and the Spirit of Capitalism*, Charles Scribner's Sons.

第十五章

1. Jacobs (1961), The Death and Life of Great American Cities, Random House; Jacobs

(1984), Cities and the Wealth of Nations, Random House; Glaeser, Kallal, Scheinkman, and Shleifer (1992), "Growth in Cities," *Journal of Political Economy*, 100(6), 1126-1152; Quigley (1998), "Urban Diversity and Economic Growth" *Journal of Economic Perspectives*, 12(2): 127-138; and Page (2008), *The Difference: How the Power of Diversity Creates Better Groups, Firms, Schools, and Societies*, Princeton University Press.

2. Reynolds and Lewis (2017), "Teams Solve Problems Faster When They're More Cognitively Diverse," *Harvard Business Review*, March 30, available at: https://hbr.org/2017/03/teams-solve-problems-faster-when-theyre-more-cognitively-diverse.

3. Hong and Page (2004), "Groups of Diverse Problem Solvers can Outperform Groups of High-Ability Problem Solvers," *Proceedings of the National Academy of Sciences*; Page (2008), *The Difference: How the Power of Diversity Creates Better Groups, Firms, Schools, and Societies*, Princeton University Press; and Page (2017), The Diversity Bonus: How Great Teams Pay Off in the Knowledge Economy, Princeton University Press.

4. 關於運動的例子，參見 Hathaway (2018), "The New York Yankees and Startup Communities" *Ian Hathaway Blog*.

5. Feld (2017), "Go for Culture Add, Not Culture Fit" *Feld Thoughts blog*, June 12, available at: https://feld.com/archives/2017/06/go-culture-add-not-culture-fit.html.

6. Page (2017), *The Diversity Bonus: How Great Teams Pay Off in the Knowledge Economy*, Princeton University Press.

7. Hathaway (2018), "High-Growth Firms and Cities in the US: An Analysis of the Inc. 5000," *Brookings Institution*; Haltiwanger, Jarmin, Kulick, and Miranda (2017), "High Growth Young Firms: Contribution to Job, Output, and Produc-tivity Growth," *National Bureau of Economic Research*; and Audretsch (2012), "Determinants of High-Growth Entrepreneurship, *Organisation for Economic Cooperation and Development*.

8. 若想進一步了解 Blackstone Entrepreneurs Network，可至 https:// www.bencolorado.org/.

第十六章

1. 關於複雜系統的規模特質，參見 West (2017), *Scale: The Universal Laws of Growth, Innovation, Sustainability, and the Pace of Life in Organisms, Cities, Economies, and Companies*, Penguin Press.

2. Colander and Kupers (2014), *Complexity and the Art of Public Policy: Solving Society's Problems from the Bottom Up*, Princeton University Press.

3. 我們在著作《*Startup Life: Surviving and Thriving in a Relationship with an Entrepreneur*》中詳細地談到這件事。不過，濃縮版如下：我滿三十歲的前幾個月，艾米說：「我要搬家了，如果你願意的話，歡迎你跟我一起走。」這時我們已經結婚一陣子了，所以這對我來說是很容易的決定。

4. 如今的名稱是 Entrepreneurs Organization (https://www.eonetwork.org/)。1994 年初，我因非常類似的原因（認識更多創業者）創立了 YEO 的波士頓分會。

5. BizWest (1999), "Keiretsu: A Who's Who of Local Net Experts," May 9, available at: https://bizwest.com/1999/05/01/keiretsu-a-whos-who-of-local-net-experts/.

6. Feld (2000), "The Power of Peers," Inc., July, available at: https://www.inc.com/articles/2000/07/19767.html.

7. 關於賽局理論的簡介，參見 Binmore (2007), *Game Theory: A Very Short Introduction*, Oxford University Press. 關於演化賽局理論的研究，參見 Smith (1982), *Evolution and the Theory of Games*, Cambridge University Press.

8. 關於其研究的摘要，參見 Ostrom (2000), "Collective Action and the Evolution of Social Norms," *Journal of Economic Perspectives*, 14(3), 137-158; and Ostrom (2009), "Beyond Markets and States: Polycentric Governance of Complex Economic Systems," *Nobel Prize Presentation*.

9. Hathaway (2018), "The Nobel Prize in Startup Communities," *Ian Hathaway blog*, March 12.

10. Feld (2012), *Startup Communities: Building an Entrepreneurial Ecosystem in Your City*, John Wiley & Sons: 49-50.

11. Feld (2016), "#GivingThanks: David Cohen and the Techstars Foundation," *Feld Thoughts blog*, November 25, available at: https://feld.com/archives/2016/11/ givingthanks-david-cohen-techstars-foundation.html.

新創社群之道

創業者、投資人，與夢想家的價值協作連結，
打造「#先付出」的新創生態系

The Startup Community Way: Evolving an Entrepreneurial Ecosystem

作者：布萊德‧費爾德(Brad Feld)、伊恩‧海瑟威(Ian Hathaway)｜譯者：洪慧芳｜審定、台灣版導讀：李偉俠、許杏宜、傅元亨｜主編：鍾涵瀞｜企劃：蔡慧華｜視覺：白日設計、薛美惠｜印務：黃禮賢、林文義｜社長：郭重興｜發行人兼出版總監：曾大福｜出版發行：八旗文化／遠足文化事業股份有限公司｜地址：23141 新北市新店區民權路108-2號9樓｜電話：02-2218-1417｜傳真：02-8667-1851｜客服專線：0800-221-029｜信箱：gusa0601@gmail.com｜臉書：facebook.com/gusapublishing｜法律顧問：華洋法律事務所 蘇文生律師｜出版日期：2022年1月｜電子書EISNB：9789860763669（EPUB）、9789860763652（PDF）｜定價：600元

國家圖書館出版品預行編目(CIP)資料

新創社群之道：創業者、投資人，與夢想家的價值協作連結，打造「#先付出」的新創生態系／布萊德‧費爾德(Brad Feld)，伊恩‧海瑟威(Ian Hathaway)著；洪慧芳翻譯. -- 新北市：八旗文化出版：遠足文化事業股份有限公司發行, 2022.01

400面；14.8×21公分

譯自：The startup community way : evolving an entrepreneurial ecosystem

ISBN 978-986-0763-67-6 (軟精裝)

1.創業 2.企業管理

494.1   110020686